Heiko Bellmann

Insekten

(ohne Schmetterlinge)

Erkennen & bestimmen

Herausgegeben von Gunter Steinbach
Fotografiert vom Autor

Mosaik

Inhalt

Seite

Zum Buch

Keine andere Tierklasse bewohnt die Landlebensräume der Erde so formenreich und so zahlreich wie die Insekten. Weltweit konnte bisher nur ein Teil ihrer Arten beschrieben werden – etwa eine Million. Das sprichwörtliche »Heer« der Insekten umfasst in Europa rund 30000 Arten. Ein Feldführer mit Schwerpunkt Mitteleuropa muss deshalb vor allem typische Vertreter aus gut bestimmbaren Formenkreisen darstellen, markante Arten des weit insektenreicheren Mittelmeerraumes eingeschlossen. Den Schmetterlingen ist ein eigener Band unserer Reihe gewidmet.
Viele Menschen verbinden mit dem Begriff Insekten zunächst und vordergründig negative Empfindungen: stechende, saugende oder zum Kahlfraß von Pflanzenkulturen fähige Schädlinge. In der Natur erfüllen Insekten

Zottiger Bienenkäfer (⇨S. 104) auf einer Irisblüte

Die Riesenholzwespe (⇨S. 158) legt ihre Eier in Nadelgehölze.

jedoch wesentliche Aufgaben für die innig verflochtene Gemeinschaft der Tiere und Pflanzen. Die meisten unserer Singvögel hängen unmittelbar von einem nicht nur arten-, sondern auch kopfreichen Insektenbestand ab, dazu die Ordnungen der Fledermäuse und der Insektenfresser unter den Säugetieren, die Mehrheit der Lurche und Kriechtiere sowie viele Süßwasserfische, die Spinnen als nahezu reine Insektenjäger und andere Gliederfüßergruppen. Die höher entwickelten Blütenpflanzen schließlich verbinden ihre Vermehrung überwiegend mit den »bezahlten« Bestäuberdiensten von Insekten.
Das Beobachten von Insekten lohnt sich wegen der Vielfalt ihrer Formen und Verhaltensweisen auch dort, wo Wirbeltiere weitgehend fehlen. Der Autor zeigt uns faszinierende Beispiele für das feingliedrige Netzwerk der Beziehungen zwischen Insekten und ihrer Umwelt. Überall in der Natur sind hoch spezialisierte Tiere (und Pflanzen) durch den Menschen besonders gefährdet. Deshalb stehen auch erschreckend viele Insektenarten als bedroht auf den Roten Listen. *Gunter Steinbach*

Einführung

Die nach Arten und Individuen erfolgreichste Tiergruppe ist nach einem ganz anderen Schema aufgebaut als etwa die Wirbeltiere. Der Körper wird nicht von einem inneren Skelett gestützt, sondern ist außen von einer festen Chitinhülle umgeben. Um ihn und seine Anhänge beweglich zu halten, setzt sich diese Hülle aus einzelnen Ringen (Segmenten) zusammen, vergleichbar dem Aufbau einer Ritterrüstung. Der Körper gliedert sich in die drei Abschnitte Kopf, Bruststück und Hinterleib, die meist durch deutliche Einschnürungen (daher »Kerbtiere«) voneinander getrennt sind. (Siehe dazu die Zeichnung der Einbandklappe.)

Vielseitige Funktionen

Der Kopf ist vor allem Träger verschiedener Sinnesorgane. Die Fühler oder Antennen liefern außer Tastreizen oft auch Informationen zum Geruch. In einigen Fällen dienen Antennen sogar als Hörorgan, so etwa bei vielen Mückenmännchen, indem sie nur beim Fluggeräusch der arteigenen Weibchen mitschwingen, um die Partnerfindung zu erleichtern. Bei vielen anderen Insekten, z.B. den Heuschrecken, liegen die Hörorgane in anderen Bereichen des Körpers, etwa am Hinterleib oder in den Beinen.

Außerdem finden wir Augen, meist in Form der aus zahlreichen, manchmal mehreren tausend Einzelaugen zusammengesetzten Facettenaugen (s. Bild rechte Seite). Bei ihnen erzeugt jedes Einzelauge einen Bildpunkt, sodass das Gesamtbild grob gerastert erscheint. Viele Insekten besitzen zusätzlich zwei oder drei Punktaugen (Ocellen), die aber nicht der Bildwahrnehmung, sondern vor allem der vom Licht abhängigen Steuerung des Tagesrhythmus dienen.

Weitere Kopfanhänge bilden die Mundwerkzeuge (s. Zeichnung auf der Einbandklappe). Oberkiefer (Mandibeln) sind im ursprünglichen Fall kräftige Beißwerkzeuge; die mit seitlichen Tastern versehenen Unterkiefer (Maxillen) dienen mehr dem Halten und weiteren Zerkleinern der Nahrung, während die unpaare, außen ebenfalls Taster tragende Unterlippe (Labium) den Mundraum nach unten abschließt und verhindert, dass zu viele Nahrungspartikel herunterfallen.

Die Mundwerkzeuge können aber auch stark abgewandelt sein, etwa bei Wanzen zum festen, dünnen Stechrüssel oder bei Bienen zum weichen, rohrförmigen Saugrüssel. Eine auffällige Sonderentwicklung ist auch die zur vorschnellbaren Fangmaske umgewandelte Unterlippe der Libellenlarven.

An dem aus drei Ringen zusammengesetzten Bruststück (Thorax) sind die Bewegungsorgane eingelenkt. Jeder Ring trägt ein Paar Laufbeine, die sich jeweils in die Abschnitte Hüfte (Coxa),

Schenkelring (Trochanter), Schenkel (Femur), Schiene (Tibia) und Fuß (Tarsus) gliedern lassen; letzterer unterteilt sich nochmals in mehrere (oft fünf) Glieder und trägt am Ende meist paarige Krallen. Nicht selten sind die Beine für bestimmte Aufgaben spezialisiert, etwa als Grab-, Sprung-, Schwimm- oder Fangbeine. Der Rücken des ersten Brustsegments ist als Halsschild (Pronotum) meist besonders versteift; die beiden anderen Brustsegmente tragen auf der Rückenseite in der Regel jeweils ein Flügelpaar. Zwischen den Vorderflügeln liegt oft, vor allem bei Käfern und Wanzen, ein dreieckiges Schildchen als Rest der Rückenplatte.

Die Flügel werden von einem oft stark verzweigten Netz feiner Adern durchzogen, deren Verlauf in vielen Fällen wichtige Bestimmungsmerkmale liefert. Häufig sind die Vorderflügel schmäler und stärker versteift als die Hinterflügel, bis hin zu den festen Flügeldecken der Käfer.

Manchmal, wie etwa bei den Zweiflüglern, ist auch nur ein Flügelpaar normal entwickelt; das andere kann dann zu Schwingkölbchen, einer Art Flugstabilisatoren, umgewandelt sein. Vielen Insekten sind die Flügel im Lauf der Evolution verloren gegangen, etwa parasitischen Formen wie Läusen und Flöhen, doch auch bei den Heuschrecken und einigen weiteren Insektenordnungen gibt es zahlreiche flugunfähige Vertreter. Die sehr alten und

Regenbremse (⇨ S. 150) mit farbigen Facettenaugen und Stechrüssel.

einfacher gebauten Urinsekten sind sogar primär flügellos, also nicht von geflügelten Vorfahren abgeleitet.

Im Hinterleib (Abdomen) liegen die wichtigsten inneren Organe, etwa das schlauchförmige Herz, das strickleiterförmige Nervensystem, der Magen-Darmtrakt und die Geschlechtsorgane. Einige dieser Organe reichen in die vorderen Körperabschnitte hinein, so das Nervensystem, dessen Zentrum, das Oberschlundganglion oder Gehirn, wie bei Tieren üblich, im Kopf liegt.

Über den ganzen Rumpfbereich erstreckt sich auch das aus verzweigten Schläuchen zusammengesetzte Tracheensystem, in dem der notwendige Sauerstoff direkt bis an die einzelnen Organe herangeführt wird. Es steht über paarige Atemöffnungen (Stigmen) an den Seiten der einzelnen Segmente mit der Außenluft in Verbindung.

Wachsen durch Verwandlung

Die starre äußere Körperhülle lässt nur ein beschränktes Wachstum des Körpers zu, nämlich nur so weit, wie sich die Gelenkhäute zwischen den einzelnen Chitinplatten dehnen lassen. Eine entscheidende Größenzunahme ist nur durch Häutungen möglich, bei denen jeweils die alte Hülle durch ein neues, weiteres Kleid ersetzt wird. Ein Insekt häutet sich während seines Lebens meist etwa 5- bis 15-mal, wobei die Zahl der Häutungen je nach Art ziemlich genau festgelegt ist. Nach der Häutung bleibt das alte Kleid als leere Hülle (Exuvie) zurück. Viele Insekten, etwa die Laubheuschrecken, fressen diese nach der Häutung auf.

Meist weicht das ausgewachsene, also das letzte Stadium, die Imago, erheblich vom vorausgegangenen Larvenstadium ab. Den damit verbundenen Gestaltwandel bezeichnet man als Metamorphose.

Unterscheiden sich Aufenthaltsort und Lebensweise von Larve und Imago deutlich, ist auch dieser Gestaltwandel besonders auffällig, wie etwa bei Eintagsfliegen und Libellen. Leben aber beide Stadien unter sehr ähnlichen Umständen, unterscheiden sich Larve und Imago meist viel weniger voneinander, wie etwa bei Heuschrecken und Wanzen.

Insekten, die sich direkt von der Larve zur Imago entwickeln, durchlaufen eine unvollständige Metamorphose (Hemimetabolie). Ist dagegen zwischen diese beiden aktiven Stadien das Ruhestadium der oft in einen Kokon eingeschlossenen Puppe eingeschaltet, haben wir es mit einer vollständigen Metamorphose (Holometabolie) zu tun. Zwischen diesen beiden Entwicklungstypen gibt es Übergänge, so bei den Mottenschildläusen und Fransenflüglern, deren letztes Larvenstadium ein Ruhestadium ist, oder bei Kamelhalsfliegen und Köcherfliegen, deren Puppe kurz vor dem Schlupf der Imago beweglich wird und zur letzten Häutung einen anderen Ort aufsucht.

Die einzelnen Larvenstadien stellen die eigentliche »Fressphase« des Insekts dar, während die Imago oft nur noch dem Zwecke der Fortpflanzung dient und vielfach auch keine Nahrung mehr zu sich nimmt. Daher erstreckt sich die Entwicklungszeit der Larven

Unvollständige Verwandlung: Bei der Lederwanze (⇨ S.58) ähnelt die Larve sehr der geflügelten Imago (links).

Unvollständige Verwandlung: Die Larve sieht ganz anders aus als die erwachsene Libelle (Vierfleck ➪ S. 30).

Vollständige Verwandlung: Letzte Larve (links) und Puppe (rechts) des Gefurchten Lappenrüsslers (➪ S. 134).

meist über einen längeren Zeitraum als die Lebensdauer der Imago. Besonders deutlich wird dies bei den Eintagsfliegen, die als Larve z.T. mehrere Jahre leben, als Imago dagegen oft nicht einmal einen ganzen Tag. Auch der Maikäfer lebt als Larve etwa 3 Jahre, als fertiger Käfer aber nur wenige Tage. Obwohl die Entwicklung bei vielen Insekten schneller als in einem Jahr ablaufen könnte, steuern die meisten Arten ihre Entwicklung durch zusätzliche Ruhephasen so, dass die erwachsenen Tiere, die Imagines, jeweils zur gleichen Jahreszeit erscheinen. Dies ist oft notwendig, damit die vielfach von bestimmten Pflanzen abhängigen Larven gleiche Entwicklungsbedingungen vorfinden. Viele Wildbienen sammeln beispielsweise nur an ganz bestimmten Blüten Pollen und Nektar und können daher nur zur Blütezeit spezieller Trachtpflanzen ihren Nachwuchs mit der für ihn zwingend notwendigen Larvennahrung versorgen.

Die zum inneren Umbau erforderlichen zusätzlichen Ruhephasen können während unterschiedlicher Entwicklungsstadien eingelegt werden. Viele Bienen- und Wespenarten liegen z.B. vor der Verpuppung bis zu 9 Monate lang als vollgefressene Larve im bereits fertig gesponnenen Kokon. Nicht selten können sie in diesem Stadium auch »überliegen«, d.h. noch ein oder mehrere weitere Jahre ruhen, bis endlich die Verpuppung und dann die Häutung zur Imago erfolgt. Viele nicht so stark spezialisierte Insektenarten bringen aber auch mehrere Generationen im Jahr hervor. Die besonders anpassungsfähige Stubenfliege schafft in einem Jahr bis zu 15 Generationen! Andererseits liegen die längsten Entwicklungszeiten heimischer Insekten bei rund 5 Jahren, so beim Hirschkäfer und bei manchen Libellenarten.

Urinsekten, Eintagsfliegen, Steinfliegen, Libellen

Zu den Urinsekten zählen mit den Ordnungen der Springschwänze, Doppelschwänze, Felsenspringer und Fischchen die urtümlichsten heute lebenden Insekten. Alle sind flügellos, lassen sich aber nicht wie etwa die ebenfalls flügellosen Läuse und Flöhe auf geflügelte Vorfahren zurückführen. Durch diese Flügellosigkeit ist es meist schwierig, ihre Jugendstadien sicher von den Erwachsenen zu unterscheiden.
Die gleichfalls recht ursprünglichen Eintagsfliegen, Steinfliegen und Libellen haben als Gemeinsamkeit eine unvollständige Verwandlung sowie wasserlebende Larven, während die ausgewachsenen Tiere, die Imagines, als geflügelte Wesen ein oft nur kurzes Luftleben führen. Die Larven sind meist mit faden- oder blattförmigen Kiemen ausgerüstet, einige kommen mit Hautatmung aus. Die Kiemen können an den Hinterleibsseiten (Eintagsfliegen-), im Brustbereich (Steinfliegen-) oder im Enddarm (Libellenlarven) angelegt sein. Bei den Larven der Kleinlibellen finden sich zudem 3 Kiemenblättchen am Hinterleibsende, die zugleich als Ruderorgane dienen.

Gebänderte Prachtlibelle

Schwarzer Wasserspringschwanz *Podura aquatica* SPRING.

Merkmale: Körperlänge 1-1,5 mm; flügellos, matt blauschwarz mit kurzen, 4-gliedrigen Fühlern, unter dem Hinterleib eine lange, nach vorn eingeklappte Sprunggabel. Fast ganzjährig.

Vorkommen: Auf der Oberfläche kleinerer und kleinster stehender Gewässer und an deren Ufern; überall häufig.

Wissenswertes: Springschwänze bewohnen in großer Artenzahl die Bodenoberfläche, einige (u.a. diese Art) auch Wasserflächen. Der S.W. kann mehrere cm weite Sätze ausführen, indem er seine Sprunggabel nach unten-hinten schnellen lässt. Wie bei den übrigen Urinsekten findet die Paarung ohne körperliche Vereinigung statt. Das Männchen setzt am Boden vor dem Weibchen mehrere gestielte Samentropfen (Spermatophoren) ab, die dieses in seine Geschlechtsöffnung aufnimmt. Die aus den Eiern schlüpfenden Jungtiere gleichen, von der geringeren Größe abgesehen, fast vollkommen den Erwachsenen.

Felsenspringer *Lepismachilis y-notata* ORDNUNG FELSENSPRINGER

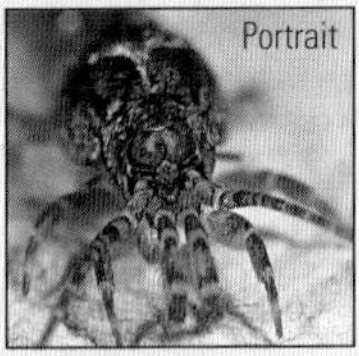

Merkmale: Körperlänge 8-10 mm; flügellos, Hinterende mit 3 zumeist eng aneinander gelegten Schwanzfäden; Körperoberfläche mit dichtem, bunt metallisch schillerndem Schuppenkleid; Augen groß, von oben gesehen mit dunklem Y-Muster. Fast ganzjährig.

Vorkommen: Im Bergland an felsigen und steinigen Stellen gebietsweise nicht selten.

Wissenswertes: Diese recht lebhaften Urinsekten tummeln sich insbesondere in der Abenddämmerung gern scharenweise auf Felsschutthalden. Bei Gefahr bringen sie sich durch plötzliche Sprünge in Sicherheit, die fast halbmeterweit sein können. Zum Springen wird der Hinterkörper stark gekrümmt und dann blitzschnell wieder gestreckt. Zur Paarung setzt das Männchen auf einem Sekretfaden mehrere Spermatropfen ab, die dann vom Weibchen aufgenommen werden.

Doppelschwanz *Campodea sp.* ORDNG. DOPPELSCHWÄNZE

Merkmale: Körperlänge 3-5 mm; flügellos, Körper sehr zart, weißlich, am Hinterende 2 lange, den Fühlern ähnelnde Schwanzfäden. Ganzjährig.

Vorkommen: Am Erdboden in Wäldern und offenem Gelände; überall ziemlich häufig.

Wissenswertes: Dieses sehr austrocknungsempfindliche, augenlose Urinsekt hält sich meist in Erdspalten und unter tief reichenden Steinen verborgen. Nur bei länger anhaltender feuchtkühler Witterung (vor allem im zeitigen Frühjahr und im Spätherbst) kann man es in den obersten Bodenschichten oder an der Unterseite flacher Steine antreffen. Es ernährt sich von Pflanzenresten und Pilzfäden, daneben auch von Aas. Zur Fortpflanzung wird, ähnlich wie bei den Springschwänzen, vor dem Weibchen (oft aber auch ohne dessen Anwesenheit) eine nur 0,1 mm lang gestielte Spermatophore abgesetzt. Das Weibchen legt seine Eier in einer kleinen Erdhöhle ab, wo es sie als gestielten Eiballen an die Decke heftet.

Silberfischchen *Lepisma saccharina* ORDNG. FISCHCHEN

Merkmale: Körperlänge 8-11 mm; Körper spindelförmig, mit einem silbrig glänzenden Schuppenkleid überzogen; am Hinterende mit 3 auseinanderspreizenden Schwanzfäden. Ganzjährig.

Vorkommen: Fast nur in Gebäuden, vor allem an feuchten Stellen; überall sehr häufig.

Wissenswertes: Das S. gehört sicher zu den bekanntesten Vertretern des Hausungeziefers, richtet aber, außer vielleicht bei sehr massivem Auftreten, keine nennenswerte Schäden an. Das sehr anspruchslose Urinsekt ernährt sich von allen möglichen Abfallstoffen und Vorräten, sogar Tapetenkleister. Die Paarung erfolgt gewöhnlich in einem Zimmerwinkel. Das Männchen spinnt dabei aus wenigen Fäden ein kleines Gespinstdach vom Boden zur Wand und setzt darunter einen Spermatropfen ab. Anschließend kriecht das Weibchen unter die Fäden, bleibt über dem Tropfen stehen und nimmt die Samenflüssigkeit in seine Geschlechtsöffnung auf. Die Eier werden später mit dem kurzen Legebohrer in Bodenritzen abgelegt.

Große Eintagsfliege *Ephemera danica*

Merkmale: Flügelspannweite 35-45 mm; Körper weichhäutig, hell gelblich oder grau, mit dunklen, kommaförmigen Zeichnungen auf den hinteren Hinterleibsringen, am Hinterende mit 3 langen Schwanzfäden; Flügel glasartig durchsichtig, mit feiner dunkler Fleckung, das vordere Paar deutlich größer als das hintere. Flugzeit V-IX.

Vorkommen: An sauberen Fließgewässern mit nicht zu starker Strömung; fast überall recht häufig.

Wissenswertes: Die Art hat wie alle Eintagsfliegen 2 geflügelte Stadien. Aus der Larve (kleines Foto oben) entwickelt sich die bereits geflügelte Subimago (linkes großes Bild), aus der dann wiederum die Imago (rechts großes Bild) hervorgeht. Beide nehmen keine Nahrung mehr auf. Die Subimago ist durch ihre kürzeren Schwanzfäden und die milchig getrübten Flügel leicht von der fertigen Eintagsfliege zu unterscheiden. Sie häutet sich nach 1-2 Tagen. Da im Innern ihrer Flügel bereits die Flügel der Imago voll ausgebildet vorliegen, brauchen diese nicht noch durch Einpumpen von Blutflüssigkeit gestreckt zu werden, wie bei der letzten Häutung anderer Insekten.

Die Männchen tanzen in der Abenddämmerung oft in kleinen Schwärmen mit auf- und abpendelndem Flug über ihrem Heimatgewässer. Sobald ein Weibchen in den Schwarm eindringt, wird es von einem Männchen ergriffen und beide sinken während der Paarung neben dem Wasser zu Boden. Kurz darauf fliegt das Weibchen zum Gewässer zurück und taucht die Hinterleibsspitze mit den daraus hervorquellenden Eiern mehrmals kurz ins Wasser ein, sodass die Eier fortgespült werden.

Die wasserlebende Larve hat eine schmal zylindrische Körperform und kurze, kräftige Beine. Für ihre Entwicklung benötigt sie offenbar 2 Jahre. Sie gräbt Gänge im Bodenschlamm und ernährt sich von Pflanzenresten u.a. organischen Stoffen.

Kleine Eintagsfliege *Ephemerella ignita*

Merkmale: Flügelspannweite 15-24 mm; Färbung gelblich bis dunkelbraun, auch bei Tieren des gleichen Gewässers stark variierend, Hinterende mit 3 langen Schwanzfäden; Hinterflügel nur etwa 1/4 so lang wie die Vorderflügel; Augen beim ♀ (großes Bild) unauffällig, beim ♂ (linkes kleines Bild) durch eine Querfurche in einen sehr auffallenden oberen, rot gefärbten Teil mit groben Facetten und einen unteren, gelblichen Bereich mit viel feineren Facetten unterteilt. Flugzeit V-IX.

Vorkommen: Vorzugsweise an fließenden, seltener an stehenden Gewässern; fast überall eine der häufigsten Eintagsfliegen.

Wissenswertes: Die Larve (rechtes kleines Bild) ist etwas untersetzt, mit ziemlich kleinen, auf der Oberseite des Hinterleibs liegenden Kiemenblättchen. Sie hält sich gewöhnlich zwischen Wasserpflanzen oder unter Steinen auf, wo sie sich von pflanzlichen und anderen organischen Stoffen ernährt. Am Ende ihrer Entwicklung häutet sie sich – meist abends – an der Wasseroberfläche zur Subimago, diese am darauf folgenden Morgen zur Imago.

Die merkwürdigen Augen der Männchen dürften bei der Paarung eine wichtige Rolle spielen. Da diese vorwiegend bei nur noch schwachem Abendlicht im Flug stattfindet, werden die gröber facettierten und daher lichtstärkeren oberen Augenteile sicherlich zum Ansteuern der vorbeifliegenden Weibchen benötigt.

Nach der Paarung quillt aus der Geschlechtsöffnung des Weibchens ein kugelförmiger, dunkel getönter Eiballen hervor, den das Tier längere Zeit mit sich herumträgt (großes Bild). Nicht selten sieht man solche Eier tragenden Weibchen abends z.B. an Lichtquellen oder erleuchteten Fensterscheiben sitzen. Später wird die Eikugel ins Wasser abgeworfen, wo sie zerfällt. Die Eier verteilen sich dabei über den Gewässergrund.

Turbanäugige Eintagsfliege
Baetis sp. ORDNUNG EINTAGSFLIEGEN

Merkmale: Imago mit 10-20 mm Flügelspannweite und 2 Schwanzfäden, Hinterflügel nur etwa 1/7 so lang wie die Vorderflügel; ♂ mit »Turbanaugen« (kleines Bild). Flugzeit III-XI. Mehrere sehr ähnliche, nur nach Genitalpräparat sicher bestimmbare Arten.
Vorkommen: An sehr unterschiedlichen stehenden und fließenden Gewässern; die Art *Baetis rhodani* überall sehr häufig.
Wissenswertes: Wie bei der Kleinen Eintagsfliege (⇨S.14) besitzen auch die Männchen dieser Gattung zweigeteilte Augen mit einem lichtempfindlicheren, hier turbanartig abgesetzten Teil zum besseren Auffinden der Weibchen in der Dämmerung. Die Larve (großes Bild) ist sehr schlank, mit kleinen, seitlich am Hinterleib ansetzenden Kiemenblättchen und 3 Schwanzfäden.

Gelbe Eintagsfliege
Potamanthus luteus EINTAGSFLIEGEN

Merkmale: Imago (kl. Bild) mit 25-30 mm Flügelspannweite, leuchtend gelb gefärbt, mit grünen Augen und 3 langen Schwanzfäden, die sehr leicht abbrechen. Flugzeit VI-VIII.
Vorkommen: An größeren, sauberen und nicht allzu schnell bewegten Fließgewässern; überall stark zurückgegangen.
Wissenswertes: Die Larve (großes Bild) trägt gegabelte, lang bewimperte Kiemenfäden an den Hinterleibsseiten. Sie hält sich gewöhnlich an der Ober- oder Unterseite größerer Steine auf, von deren Algenbewuchs sie sich ernährt. Durch ihre flach ausgebreiteten Kiemenfäden vergrößert sie die Kontaktfläche zum Untergrund und verringert auf diese Weise die Gefahr, von der Strömung fortgespült zu werden. **RL**

Zweifädige Eintagsfliege
Epeorus sylvicola ORD. EINTAGSFLIEGEN

Merkmale: Imago (nicht abgebildet) mit rund 30-40 mm Flügelspannweite und nur 2 Schwanzfäden. Flugzeit VII-VIII.
Vorkommen: In schnell fließenden, turbulenten Bächen mit steinigem Grund; nur im Bergland und in den Alpen, nicht häufig.
Wissenswertes: Auch die Larve (Bild) hat nur 2 Schwanzfäden, außerdem einen stark abgeflachten Körper und flach ausgebreitete Kiemenblättchen. Durch ihre perfekt angepasste, strömungsgünstige Körperform vermag sie selbst in stärkster Strömung frei auf Steinen umherzulaufen, ohne fortgespült zu werden. In stehendem Wasser erstickt sie dagegen oft schon nach wenigen Minuten, da sie im Gegensatz zu den meisten übrigen Eintagsfliegenlarven ihre Kiemenblättchen nicht bewegen und somit kein frisches Atemwasser herbeistrudeln kann.
Ähnlich: Eine sehr ähnliche Körperform besitzen die Larven der Gattung *Ecdyonurus*. Sie haben jedoch 3 Schwanzfäden und an den Halsschildseiten jeweils 1 nach hinten gerichteten Fortsatz.

Rheinmücke *Oligoneuriella rhenana*
ORDNUNG EINTAGSFLIEGEN

Merkmale: Imago (nicht abgebildet) mit einer Flügelspannweite von 25-35 mm; Färbung gelblich weiß, Flügel weißlich getrübt, fast ohne Queradern. Flugzeit VII-IX.
Vorkommen: In schnell fließenden, sauberen Flüssen; überall selten.
Wissenswertes: Die Larve (Bild) ist torpedoförmig, oberseits gewölbt, unterseits flach und trägt seitlich am Hinterleib winzige Kiemenblättchen. Sie kann sich mit ihren Mundwerkzeugen an Steinen festheften und dadurch selbst starker Strömung standhalten. Auf Wasserverschmutzung reagiert sie empfindlich und ist daher an vielen früheren Fundorten verschwunden.
Die Subimago häutet sich im Flug bereits wenige Minuten nach dem Schlupf in die Imago. Dabei wird nur die Körperhülle abgestreift, die Flügel bleiben in den Flügeln der Subimago stecken. Noch am Schlüpftag fallen die Tiere, nachdem sie sich im Flug gepaart haben, sterbend ins Wasser zurück. Während ihres kurzen Luftlebens setzen sie sich niemals ab. **RL**

Große Steinfliege *Perla marginata*

Merkmale: Flügelspannweite 30-50 mm; Körper etwas abgeflacht, überwiegend dunkelgrau, am Hinterende mit 2 etwa fühlerlangen Schwanzfäden. Flugzeit V-VIII.

Vorkommen: An sauberen, schnell fließenden, meist steinigen Bächen; im Bergland stellenweise nicht selten, in den Alpen nur bis in eine Höhe von ca. 800 m.

Wissenswertes: Die fertig entwickelte Steinfliege nimmt offenbar keine Nahrung mehr zu sich. Sie sitzt meist träge in der Ufervegetation entlang ihres Entwicklungsgewässers, gern z.B. auf der Unterseite von Pestwurzblättern. Nur bei Störungen fliegt sie manchmal über kurze Stecken, häufiger lässt sie sich fallen und verkriecht sich am Boden. Die Larve (kl. Bild) sieht, von den Flügeln abgesehen, der Imago ähnlich, doch mit deutlicher, heller Fleckenzeichnung, langen Haarsäumen an den Beinen und hellen Kiemenbüscheln an den Brustsegmenten. Sie ist ein ausgesprochener Räuber, der sich von anderen Wassertieren ernährt. Die Beute kann dabei fast ihre eigene Körpergröße besitzen. **RL**

Ähnlich: Die beiden anderen Arten dieser Gattung, *Perla maxima* und *P. burmeisteriana*, ersetzen *P. marginata* in höher und tiefer gelegenen Fließwasserbereichen. Die oft mit *P. marginata* vergesellschaftete *Dinocras cephalotes* (Bild unten) ist vor allem an den kurzflügeligen Männchen (Bild) kenntlich.

Gewöhnliche Steinfliege

Nemoura sp. ORDNUNG STEINFLIEGEN

Merkmale: Flügelspannweite 15-22 mm; Flügel kurz vor der Spitze mit x-förmiger Aderverzweigung, am Hinterleibsende nur winzige Stummel als verkümmerte Schwanzfäden. Flugzeit V-IX. Zahlreiche nur schwer unterscheidbare Arten.

Vorkommen: Vorwiegend in sauberen Fließgewässern, die häufigste Art (*Nemoura cinerea*, Larve kl. Bild oben) auch in Gräben und Tümpeln.

Wissenswertes: Beim Weibchen quellen kurz vor der Eiablage die Eier aus der Hinterleibsspitze hervor (Bild). Sie werden anschließend im Wasser abgestreift. Die Larve besitzt schräg abstehende Flügelscheiden; ihr fehlen Kiemenbüschel. Im Gegensatz zu den räuberischen Larven der *Perla*-Arten ernährt sie sich von Pflanzenteilen.

Ähnlich: Die sehr ähnlichen Larven der Gattung *Protonemura* tragen unter der Vorderbrust 6 fingerförmige Kiemenschläuche.

Gebänderte Steinfliege

Brachyptera seticornis O. STEINFLIEGEN

Merkmale: Flügelspannweite 15-30 mm; Flügel rauchig getrübt, mit dunkleren Querbinden, werden im Sitzen leicht zigarrenförmig eingerollt; Schwanzfäden kurz, aus 2 Gliedern, an deren Spitze noch Reste eines 3. Glieds zu erkennen sind. Flugzeit je nach Höhenlage früher oder später im Zeitraum von III-VII.

Vorkommen: In Quellnähe an sehr sauberen, schnell fließenden Bergbächen mit steinigem Untergrund; in den Mittelgebirgen und im Alpenvorland stellenweise ziemlich häufig, in den Alpen etwas seltener, hier aber bis in eine Höhe von etwa 1500 m.

Wissenswertes: Die dunkelbraune Larve ähnelt einer *Nemoura*-Larve, ist aber schlanker. Außerdem ist bei ihr das zweite der 3 Fußglieder länger als das erste (bei *Nemoura* umgekehrt). Bei starker Beunruhigung rollt sie sich nach Art eines Igels zusammen, sodass die Fühler nach hinten, die Schwanzfäden nach vorn ragen. Sie ernährt sich vom Algenbewuchs der Steine und von pflanzlichen Abfällen.

Gebänderte Prachtlibelle *Calopteryx splendens* FAM. PRACHTLIBELLEN

Merkmale: Flügelspannweite rund 60-70 mm; Körper des ♂ (großes Bild) metallisch grün oder blau schillernd, Flügel in der Mitte mit breiter, ebenfalls grün oder blau schillernder, blauschwarzer Querbinde; ♀ (kleines Bild) etwas heller grünmetallisch, z.T. kupfern glänzend, mit leicht grünlich getönten Flügeln ohne dunkle Querbinde. Flugzeit V-IX.

Vorkommen: An nicht zu schnell fließenden, besonnten Bächen und Flüssen; in den meisten Gegenden nicht selten, doch gebietsweise durch Gewässerverschmutzung stark zurückgegangen.

Wissenswertes: Die Männchen der G.P. besetzen am Ufer von Fließgewässern jeweils eigene Reviere, die sie gegenüber Geschlechtsgenossen durch drohendes Flügelspreizen und Flugattacken verteidigen. Ihre auffallenden Flügelbinden spielen dabei eine wichtige Rolle als Signal. Erscheint dagegen ein Weibchen, biegt das Männchen seine Hinterleibsspitze empor und reckt sie diesem entgegen. Dabei wird eine leuchtend weiße Fläche an der Unterseite der letzten Hinterleibsringe sichtbar, die wie ein »weißes Schlusslicht« wirkt und dem Weibchen signalisiert, dass es sich hier um ein Männchen der »richtigen« Art handelt (vergleiche Blauflügel-Prachtlibelle). Nach der Paarung zeigt das Männchen dem Weibchen unter auffallendem Auf- und Zuklappen seiner Flügel einen günstigen Eiablageplatz an. Dort setzt dieses sich auf im Wasser treibende Pflanzenstängel und deponiert darin seine Eier. Gelegentlich taucht es bei der Eiablage auch vollständig unter den Wasserspiegel hinab. Das Männchen bewacht unterdessen die ganze Szenerie und vertreibt gegebenenfalls störende Artgenossen. Während der langen jährlichen Flugzeit dieser Art schlüpfen immer wieder neue Individuen. Die einzelnen Tiere leben jeweils nur wenige Wochen, im Extremfall etwa 2 Monate. **§!**

Blauflügel-Prachtlibelle *Calopteryx virgo* FAMILIE PRACHTLIBELLEN

Merkmale: Flügelspannweite 60-70 mm; Färbung des ♂ (großes Bild) ähnlich der oben vorgestellten Art, die grün oder blau schillernde Flügelbinde füllt aber fast die gesamte Flügelfläche aus, nur unmittelbar an Flügelbasis und -spitze bräunlich getrübte, durchscheinende Flächen; ♀ mit bräunlich getönten Flügeln. Flugzeit V-VIII.

Vorkommen: An sauberen, meist schmalen Fließgewässern mit naturnaher Ufervegetation; fast überall deutlich seltener als die Schwesterart.

Wissenswertes: Die beiden heimischen Prachtlibellen entwickeln sich ausschließlich in Fließgewässern, zeigen aber eine Vorliebe für etwas unterschiedliche Gewässertypen. Während die B. eher an etwas schattigen Uferabschnitten schnell fließender, schmaler Bäche auftritt, zeigt die andere ihre größte Häufigkeit an voll besonnten, träge dahinfließenden Flussabschnitten. Dennoch können beide auch oft gemeinsam im gleichen Lebensraum angetroffen werden. Zur Vermeidung von Fehlpaarungen besitzt das Männchen der B. ein deutlich anderes »Schlusslicht« als das der Gebänderten Prachtlibelle: Die Unterseite seiner Hinterleibsspitze leuchtet dem Weibchen grell karminrot entgegen.

Die Larve (kl. Bild) ist sehr schlank und langbeinig und trägt ziemlich lange Fühler. Sie hält sich meist in Uferhöhlungen oder unter Pflanzenbüscheln, die ins Wasser ragen, verborgen. Mit ihren langen Fühlern ertastet sie möglicherweile bei schlechten Lichtverhältnissen ihre Beutetiere. Sie benötigt für ihre Entwicklung offenbar 2 Jahre.

Die Larven der beiden heimischen Prachtlibellenarten sind am besten anhand ihrer 3 Kiemenblättchen am Hinterende zu unterscheiden: Bei der B. sind diese untereinander gleich breit und mit jeweils einer hellen Querbinde gezeichnet; bei der Gebänderten Prachtlibelle dagegen ist das mittlere Blatt breiter als die äußeren, und alle Blättchen tragen 2 Querbinden (von denen die zweite allerdings oft undeutlich ist). **RL, §!**

Gewöhnliche Teichjungfer *Lestes sponsa* FAMILIE TEICHJUNGFERN

Merkmale: Flügelspannweite 40-50 mm; Färbung grün oder kupfern metallisch, ♂ am Anfang und Ende des Hinterleibs sowie auf Teilen des Brustabschnitts hellblau bereift. Flugzeit VI-X.

Vorkommen: Vor allem an flachen, mit Binsen bewachsenen, oft moorigen Gewässern; gebietsweise durchaus häufig.

Wissenswertes: Wie alle *Lestes*-Arten spreizt die G.T. im Sitzen ihre Flügel schräg auseinander. Hierdurch unterscheidet die sich deutlich von den übrigen Kleinlibellen, zu denen außer den Teichjungfern auch noch die Prachtlibellen (➪S.20) sowie die Feder- und Schlanklibellen (➪S.24) gerechnet werden, die ihre Flügel meist flach über dem Hinterleib zusammenlegen.

Die G.T. zeigt recht häufig das für alle Libellen charakteristische Paarungsverhalten: Zunächst greift das Männchen mit seinen Hinterleibszangen ein Weibchen hinter dem Kopf (linkes großes Bild), krümmt dann seinen Hinterleib so weit nach unten, bis dessen Spitze mit der Geschlechtsöffnung das Begattungsorgan an der Hinterleibsbasis berührt, und »betankt« dieses mit Sperma (linkes kleines Bild). Daraufhin biegt das Weibchen seine Hinterleibsspitze zum Begattungsorgan des Männchens. Dabei entsteht das typische herzförmige »Paarungsrad« (rechtes großes Bild). Nach der Paarung sticht das Weibchen seine Eier mit dem Legebohrer in einen Binsenstängel hinein. Die Larve (rechtes kleines Bild) besitzt dunkel quergebänderte Kiemenblättchen. **§!**

Weidenjungfer *Lestes viridis*

FAMILIE TEICHJUNGFERN

Merkmale: Flügelspannweite 50-55 mm; Färbung grünmetallisch bis kupfern, ohne blaue Bereifung, Flügelmal hellbraun. Flugzeit VII-X.

Vorkommen: Vor allem an künstlichen Stillgewässern wie Fischteichen und Baggerseen; fast überall häufig.

Wissenswertes: Die W. legt ihre Eier ausschließlich in Zweigen von Ufergehölzen ab. Die Paare versammeln sich oft scharenweise an besonders günstig liegenden, über das Wasser ragenden Erlen- oder Weidenzweigen, unter deren Rinde das Weibchen die Eier einbohrt. Hierdurch kommt es zu paarigen, blasenförmigen Anschwellungen, zwischen denen jeweils das Einstichloch erkennbar ist (kleines Bild). Die Eier überwintern. Die im Frühjahr schlüpfenden Larven lassen sich ins Wasser hinabfallen und entwickeln sich bis zum Sommer zur neuen Libellengeneration. **§!**

Gewöhnliche Winterlibelle

Sympecma fusca FAM. TEICHJUNGFERN

Merkmale: Flügelspannweite 45-50 mm; Färbung bei beiden Geschlechtern braun mit schwarzer, z.T. kupfern glänzender Zeichnung. Flugzeit VII-V.

Vorkommen: An Teichen und Tümpeln, besonders solchen mit schilfbewachsenen Ufern; stellenweise nicht selten.

Wissenswertes: Die G.W. legt wie die meisten Kleinlibellen, aber anders als die übrigen Arten ihrer Familie, in der Ruhelage ihre Flügel übereinander. Neben einer 2. Art ihrer Gattung (der sehr ähnlichen, aber viel selteneren Sibirischen Winterlibelle, *S. paedisca*) ist sie die einzige heimische Libelle, die den Winter als Imago übersteht. Sie sucht hierzu oft weit vom Entwicklungsgewässer entfernte, geschützt liegende Plätze auf und setzt sich dort in Bodennähe ab. Je nach Witterung kann sie dann einschneien oder vom Reif überzogen werden (Bild). Bei Temperaturen über dem Gefrierpunkt wird sie aber wieder mobil und wechselt von Zeit zu Zeit ihren Aufenthaltsort. Erst nach der Überwinterung schreitet sie im März oder April zur Fortpflanzung. **RL, §!**

Gewöhnliche Federlibelle *Platycnemis pennipes* F. FEDERLIBELLEN

Merkmale: Flügelspannweite 40-50 mm; Schienen der Mittel- und Hinterbeine, insbesondere beim ♂ (Bild), verbreitert und abgeflacht, am Rand mit steifen Borsten. Flugzeit V-IX.

Vorkommen: An stehenden und langsam fließenden Gewässern meist nicht selten.

Wissenswertes: Die etwas an Federn erinnernden, verbreiterten Schienen werden als optische Signale bei der Balz eingesetzt: Die Männchen tanzen im Flug vor den sitzenden Weibchen und lassen dabei die Beine mit den hell leuchtenden Unterseiten locker herunterbaumeln. §!

Becher-Azurjungfer *Enallagma cyathigerum* FAMILIE SCHLANKLIBELLEN

Merkmale: Flügelspannweite 40-45 mm; Oberseite des 2. Hinterleibssegments beim ♂ mit knopfförmiger, an einen Becher erinnernder, schwarzer Zeichnung. Flugzeit V-IX.

Vorkommen: Vorwiegend an größeren stehenden Gewässern; ziemlich häufig.

Wissenswertes: Die himmelblau gefärbten Männchen besiedeln oft in großer Zahl die Uferbereiche von Seen. Sie setzen sich gern zu mehreren übereinander mit rechtwinklig abstehendem Körper an senkrechte Pflanzenstängel und sind allein an dieser Haltung schon von weitem erkennbar. §!

Hufeisen-Azurjungfer *Coenagrion puella* FAMILIE SCHLANKLIBELLEN

Merkmale: Flügelspannweite 40-50 mm; 2. Hinterleibssegment des hellblau gefärbten ♂ mit hufeisenförmiger Zeichnung; ♀ gelbgrünlich, ohne auffallende Zeichnungen. Flugzeit V-IX.

Vorkommen: Vorzugsweise an kleineren stehenden Gewässern; eine der häufigsten heimischen Libellen.

Wissenswertes: Auch bei dieser Art bleiben die Partner zur Eiablage miteinander verbunden. Die Weibchen setzen sich, oft zu mehreren dicht nebeneinander, auf im Wasser schwimmende Pflanzenteile und schieben mit ihrem Legebohrer die Eier ins Pflanzengewebe. In dieser Zeit stehen die Männchen mit steif aufgerichtetem Körper und angelegten Beinen über der Partnerin (Bild). Sie beobachten hierbei die Umgebung und können sich beim Auftauchen einer Gefahr zusammen mit ihrer Partnerin in Sicherheit bringen. Gleichzeitig verhindern sie Störungen der Eiablage durch andere paarungswillige Männchen, die ständig auf Weibchensuche umherpatrouillieren.
Die Larve (kleines Bild) ist gelblich oder grünlich und hat ungezeichnete, an der Spitze meist abgerundete, relativ schmale Schwanzblättchen. §!

Frühe Adonislibelle *Pyrrhosoma nymphula* FAM. SCHLANKLIBELLEN

Merkmale: Flügelspannweite 40-50 mm; beide Geschlechter rot mit schwarzen Zeichnungen. Flugzeit IV-VIII.

Vorkommen: An pflanzenreichen, kleineren Stillgewässern, auch an langsam fließenden Gräben und Bächen; ziemlich häufig.

Wissenswertes: Diese kaum verwechselbare Kleinlibelle verhält sich bei der Eiablage sehr unterschiedlich. Manchmal setzt sie sich paarweise übereinander an aufragende Pflanzenstängel, mal hintereinander auf im Wasser treibende Pflanzenteile, oder das Männchen steht, wie bei vielen Schlanklibellen, steif aufrecht über seiner auf Wasserpflanzen sitzenden Partnerin. §!

Große Pechlibelle *Ischnura elegans* FAMILIE SCHLANKLIBELLEN

Merkmale: Flügelspannweite 35-45 mm; meist beide Geschlechter blau, Hinterleib oberseits mit Ausnahme des leuchtend blauen drittletzten Segments schwarz gefärbt. Flugzeit V-IX.

Vorkommen: Vor allem an kleineren stehenden Gewässern, überall häufig.

Wissenswertes: Das Weibchen legt, anders als bei allen übrigen heimischen Kleinlibellen, die Eier stets ohne Begleitung des Partners in schwimmenden Pflanzenteilen ab. Um bei dieser Tätigkeit nicht unnötig durch partnersuchende Männchen gestört zu werden, sucht es sich hierfür meist versteckte Stellen im Schilfdickicht und bevorzugt eine spätere Tageszeit. §!

Blaugrüne Mosaikjungfer *Aeshna cyanea* FAMILIE EDELLIBELLEN

Merkmale: Flügelspannweite 90-100 mm; Augen, wie für fast alle Großlibellen (die auf dieser und den folgenden Seiten vorgestellten Familien) typisch, sehr groß und aneinander stoßend; ♂ (großes Bild) schwarzbraun mit hellgrüner, seitlich und hinten auch blauer, mosaikartiger Zeichnung, ♀ (linkes kl. Bild) ohne Blau. Flugzeit VI-XI.
Vorkommen: An kleineren, meist pflanzenreichen, stehenden Gewässern, oft auch an Gartenteichen; überall häufig.
Wissenswertes: Das Männchen dieser durch ihre Größe beeindruckenden Art sucht sehr ausdauernd an Gewässerufern nach Weibchen, die sich dort – ohne männliche Begleitung – zur Eiablage niederlassen (kleines Bild). Dabei inspiziert es auch furchtlos Menschen, die sein Revier betreten haben, was nicht selten als Angriffsverhalten fehlgedeutet wird und zu Volksnamen wie »Teufelsnadel« und »Augenstecher« geführt hat. In Wahrheit können Libellen einen Menschen weder stechen noch ihm auf andere Weise gefährlich werden.
Die Larve (rechtes kleines Bild) ist hellbraun bis fast schwarz gefärbt, mit schräg nach vorn gerichteten Augen. Sie entwickelt sich nicht selten in großer Zahl in Gartenteichen. Wie bei allen Libellenlarven bilden ihre Mundwerkzeuge eine Fangmaske, die in Ruhelage unter dem Kopf eingeklappt ist, zum Beutefang aber vorgeschnellt werden kann. Mit ihr ergreift sie z.B. Kaulquappen und Fischbrut, genauso aber auch unzählige Mückenlarven, die in vielen Gewässern ihre Hauptnahrung darstellen. **§!**

Große Königslibelle *Anax imperator* FAMILIE EDELLIBELLEN

Merkmale: Mit 90-105 mm Flügelspannweite die größte heimische Libellenart; Brustabschnitt des ♂ (großes Bild) fast einfarbig grün, Hinterleib blau mit schwarzem Längsband, beim ♀ Hinterleib grünblau mit braunem Band. Flugzeit VI-VIII.
Vorkommen: An pflanzenreichen, kleinen bis mittelgroßen Stillgewässern; in den meisten Gegenden nicht selten.
Wissenswertes: Die Männchen dieser großen und kräftigen Art patrouillieren sehr ausdauernd in Ufernähe über ihrem Entwicklungsgewässer hin und her und vertreiben meist auch andere Libellenarten aus ihrem Revier. Die Larve (kl. Bild) hat zur Seite gerichtete, breit gewölbte Augen. Im Gegensatz etwa zur Blaugrünen Mosaikjungfer, bei der sich der Schlupf der Imagines über einen langen Zeitraum verteilt, schlüpfen bei der G.K. die Tiere eines Gewässers fast gleichzeitig. **§!**

Kleine Mosaikjungfer *Brachytron pratense* FAMILIE EDELLIBELLEN

Merkmale: Flügelspannweite 70-80 mm; Körper im Vergleich zu anderen Edellibellen etwas untersetzter und deutlicher behaart. Flugzeit V-VII.
Vorkommen: Vorwiegend in Flusstälern an Gräben, Teichen und Altwassern; selten.
Wissenswertes: Diese auffallend kleine Edellibelle ist als einzige Vertreterin ihrer Familie schon im Mai an ihren Entwicklungsgewässern zu beobachten. Die Männchen fliegen wie die der verwandten Arten sehr ausdauernd entlang der Ufer auf und ab und sind kaum einmal sitzend zu beobachten. Die Larve (kl. Bild) hat kleine, knopfförmige Augen. Sie sitzt gern an der Unterseite festerer, auf dem Wasser schwimmender, abgestorbener Pflanzenteile und Holzstücke. Nimmt man diese Teile aus dem Wasser, presst sie sich eng an die Unterlage und ist dank ihrer Färbung und Körperform kaum noch zu erkennen. **RL, §!**

Gewöhnliche Keiljungfer *Gomphus vulgatissimus* FAM. KEILJUNGFERN

Merkmale: Flügelspannweite 60-70 mm; Augen, anders als sonst bei den Großlibellen üblich, deutlich voneinander getrennt; ♂ mit hinten keilförmig erweitertem Hinterleib, Beine ganz schwarz. Flugzeit V-VII.

Vorkommen: An sandigen oder steinigen, unverschmutzten, nicht zu turbulenten Fließgewässern, daneben auch an sauberen, kiesigen Seen; durch Wasserverunreinigung stark zurückgegangen und gebietsweise schon ganz verschwunden.

Wissenswertes: Die Larve (rechtes Bild) ist sehr breit und flach; ihre Fühler sind stummelförmig. Mit ihren kräftigen Grabbeinen vergräbt sie sich tagsüber meist vollständig im Gewässerboden. Nachts verlässt sie ihr Versteck und streift Beute suchend am Gewässergrund umher. Ihre Nahrung besteht vor allem aus bodenbewohnenden Würmern und Insektenlarven. **RL, §!**

Ähnlich: Die **Westliche Keiljungfer** *Gomphus pulchellus* besitzt einen schmäleren Hinterleib und gelb gestreifte Beine. **§!**

Zweigestreifte Quelljungfer *Cordulegaster boltonii* F. QUELLJUNGFERN

Merkmale: Flügelspannweite 85-95 mm; mittlere Hinterleibsringe mit jeweils 2 gelben Querstreifen. Flugzeit VI-VIII.

Vorkommen: An sauberen, schmalen Fließgewässern, z.T. an winzigen Rinnsalen; nicht häufig.

Wissenswertes: Die Larve (rechtes Bild) ist kurz und kräftig gebaut, ihre Flügelscheiden laufen schräg an den Hinterleibsseiten herab. Sie gräbt sich fast vollständig in den Bodengrund ein. Vorn bleiben aber Kopf und Vorderbeine, hinten die Hinterleibsspitze frei. So wird sie für Feinde fast unsichtbar, kann aber über ihre Enddarmöffnung den im Darm liegenden Kiemen frisches Atemwasser zuführen und gleichzeitig mögliche Beutetiere wahrnehmen. Diese schnappt sie sich durch Vorschnellen ihrer Fangmaske, ohne hierfür ihr schützendes Versteck zu verlassen. Für ihre Entwicklung benötigt sie bis zu 5 Jahre. **RL, §!**

Ähnlich: Die noch seltenere **Gestreifte Quelljungfer** *Cordulegaster bidentata* trägt auf den mittleren Hinterleibsringen nur je 1 gelben Querstreifen. Ihre Larve hat parallel auf dem Rücken liegende Flügelscheiden. **RL, §!**

Gewöhnliche Smaragdlibelle *Cordulia aenea* FAMILIE FALKENLIBELLEN

Merkmale: Flügelspannweite 60-70 mm; Färbung metallisch dunkelgrün bis kupfern, Augen leuchtend smaragdgrün; Hinterleib des ♂ im hinteren Teil keulenförmig erweitert. Flugzeit V-VIII.

Vorkommen: Vor allem an pflanzenreichen Teichen und Tümpeln, besonders solchen mit Schilfufern; im südlichen D ziemlich häufig, im N seltener.

Wissenswertes: Die Männchen fliegen ähnlich denen der Edellibellen sehr ausdauernd in Ufernähe über der Wasserfläche hin und her und setzen sich höchstens kurz ab. Die Weibchen erscheinen nur zu Paarung und Eiablage am Gewässer. Kurz nach der Paarung fliegen sie meist an eine versteckte Stelle im Schilfgürtel und werfen ohne Begleitung durch das Männchen im Flug die Eier mit wippenden Hinterleibsbewegungen ins Wasser. Die Larve (rechtes Bild) ist kurz und breit mit auffallend langen, spinnenartigen Beinen. **§!**

Ähnlich: Beim Männchen der **Glänzenden Smaragdlibelle** *Somatochlora metallica* ist der Hinterleib in der Mitte am breitesten. Die Larve hat viel kürzere Beine. **§!**

Vierfleck *Libellula quadrimaculata*

FAMILIE SEGELLIBELLEN

Merkmale: Flügelspannweite 65-80 mm; beide Geschlechter braun, am Vorderrand jedes Flügels 2 schwarzbraune Male. Flugzeit V-VIII.
Vorkommen: An Teichen und Tümpeln ziemlich häufig, besonders an Moorgewässern.
Wissenswertes: Die Art zeigt manchmal eine ausgesprochene Massenentwicklung, durch die es zur Ausbildung von Wanderschwärmen kommen kann. Die nur wenige Sekunden dauernde Paarung wird im Flug vollzogen. Anschließend kreist das Männchen über dem Weibchen, das seine Eier im Flug ins Wasser abwirft. **§!**

Plattbauch *Libellula depressa*

FAMILIE SEGELLIBELLEN

Merkmale: Flügelspannweite 65-75 mm; Hinterleib sehr breit und flach, beim ♂ (Bild) blau bereift, beim ♀ braun, mit gelben, halbmondförmigen Randzeichnungen. Flugzeit V-VIII.
Vorkommen: An meist kleineren stehenden Gewässern mit schwach entwickelter Vegetation, sogar an Wegpfützen; ziemlich häufig.
Wissenswertes: Der P. gehört zu den regelmäßigen Erstbesiedlern frisch angelegter Gartenteiche. Wenn 2 Jahre später die nachfolgende Generation schlüpft, ist der Teich meist schon so dicht bewachsen, dass die Tiere wieder abwandern. **§!**

Gewöhnliche Heidelibelle *Sympetrum vulgatum*

FAMILIE SEGELLIBELLEN

Merkmale: Flügelspannweite 50-60 mm; Beine gelb gestreift, Hinterleib beim ♂ (linkes gr. Bild) leuchtend rot, beim ♀ (rechtes gr. Bild) zunächst bräunlich, später oft z.T. ebenfalls rot. Flugzeit VII-XI.
Vorkommen: An stehenden Gewässern; beinahe überall häufig.
Wissenswertes: Die G.H. legt wie alle Heidelibellen die Eier paarweise ab. Nach der Paarung behält das Männchen seinen Zangengriff bei und fliegt mit der Partnerin als »Tandem« zum Gewässerufer. Hier wippt das Weibchen mit dem Hinterleib und wirft dabei jedesmal einige Eier ins flache Wasser oder am Ufer auf den Boden. Das angekoppelte Männchen überwacht die Umgebung und kann sich beim Auftauchen einer Gefahr mit seiner Partnerin blitzschnell in Sicherheit bringen.

Die Eier überwintern, häufig im Trockenen. Die Larven (kleines Bild) schlüpfen im folgenden Frühjahr und ergeben bereits im Sommer die neue Libellengeneration. Zu erkennen ist die Larve an den spitzen Seiten- und Rückendornen, die sie an den hinteren Hinterleibsringen trägt. **§!**
Ähnlich: Die Gattung umfasst mehrere weitere Arten. Diese haben aber z.T. ganz schwarze Beine.

Gebänderte Heidelibelle *Sympetrum pedemontanum*

SEGELLIBELLEN

Merkmale: Flügelspannweite 45-55 mm; Flügel mit schwarzer Binde, Hinterleib und Flügelmal beim ♂ (Bild) rot, beim ♀ bräunlich. Flugzeit VII-X.
Vorkommen: An Teichen, Tümpeln und Gräben, auch an langsam fließenden Gewässern; in den meisten Gegenden ziemlich selten, doch gebietsweise in deutlicher Ausbreitung begriffen; am häufigsten im östlichen Alpenvorland, am Oberrhein und im östlichen D.
Wissenswertes: Die dunklen Flügelbinden führen bei der fliegenden Libelle zu einem eigenartigen Flimmern, das die Körpergestalt auflöst und dadurch offenbar eine Verfolgung durch Vögel und andere Fressfeinde erschwert. **RL, §!**

Große Moosjungfer *Leucorrhinia pectoralis*

FAMILIE SEGELLIBELLEN

Merkmale: Flügelspannweite 60-70 mm; Stirn weiß, ♂ (Bild) mit auffallendem gelbem Fleck auf dem 7. Hinterleibssegment. Flugzeit V-VII.
Vorkommen: Vor allem im Randbereich von Mooren an pflanzenreichen Kleingewässern; ziemlich selten, nur im östl. D gebietsweise etwas häufiger.
Wissenswertes: Die Seltenheit dieser Art hängt offenbar damit zusammen, dass sie zu ihrer Entwicklung Gewässer mit moorigem Untergrund benötigt, die mit Laichkräutern und anderen Blütenpflanzen bewachsen sind, sich jedoch in den von Torfmoosen dominierten, sehr sauren Gewässern der Hochmoor-Kernbereiche anscheinend nicht entwickeln kann. **RL, §!**

Geradflügler

Als Geradflügler werden die Ordnungen der Schaben, Ohrwürmer, Fangschrecken, Termiten und Heuschrecken zusammengefasst. Sie alle legen ihre Flügel über dem Hinterleib zusammen, wobei die stärker versteiften, meist deutlich schmäleren Vorderflügel die breiteren, fächerförmig zusammengefalteten Hinterflügel überdecken. Das Flugvermögen ist aber in der Regel nur schwach entwickelt, oft sind die Flügel sogar mehr oder weniger stark verkürzt oder fehlen ganz. Die Mundwerkzeuge entsprechen dem ursprünglichen, beißend-kauenden Typ. Die meisten Arten ernähren sich von Pflanzenteilen, einige, so etwa die Fangschrecken und viele Heuschrecken, leben räuberisch von anderen Insekten oder bevorzugen Mischkost. Manche dieser Insekten neigen zu Massenvermehrungen und können hierdurch wirtschaftliche Schäden anrichten, während sich andere als überaus nützlich erweisen.
Alle Geradflügler entwickeln sich mit einer unvollständigen Verwandlung. Ihre Larven leben an den gleichen Orten wie die Imagines und zeigen auch die gleiche Ernährungsweise. Im Aussehen unterscheiden sie sich bis auf die geringere Größe und die fehlenden Flügel kaum von ihren Eltern.

Sumpfschrecke

Küchenschabe *Blatta orientalis*

ORDNUNG SCHABEN

Merkmale: Körperlänge 19-25 mm; Flügel beim ♂ (gr. Bild) rotbraun und etwas kürzer als der Hinterleib, beim ♀ (kl. Bild) schwarz und stark verkürzt. Ganzjährig.

Vorkommen: Nur in Gebäuden; früher überall häufig, heute vor allem noch in Altbauten, insbesondere in Gaststätten und Bäckereien.

Wissenswertes: Die lichtscheue K. hält sich tagsüber hinter Möbeln und Wandverschalungen verborgen und kommt erst mit der Abenddämmerung aus ihrem Versteck hervor. Sie ernährt sich von Küchenabfällen und Nahrungsvorräten und kann dabei auch Krankheiten übertragen. Die Eier werden zu etwa 15 Stück in einer festen, braunen Eikapsel abgelegt, die das Weibchen an der Hinterleibsspitze trägt und erst kurz vor dem Schlupf der Larven abwirft.

Deutsche Schabe *Blattella germanica*

ORDNUNG SCHABEN

Merkmale: Körperlänge 11-13 mm; Färbung gelblich oder hellbraun, Flügel bei beiden Geschlechtern die Hinterleibsspitze überragend. Ganzjährig.

Vorkommen: Nur in Gebäuden; heute deutlich seltener als früher, doch stellenweise vor allem in Altbausiedlungen noch zahlreich anzutreffen; mehr als die Küchenschabe auch in Wohnungen.

Wissenswertes: Die außerordentlich flinke, nachtaktive Art ist sehr schwer zu fangen, da sie sich blitzschnell in Spalten verbirgt, wenn man sie außerhalb ihres Verstecks überrascht hat. Daher gestaltet sich eine Bekämpfung ohne Gift ausgesprochen schwierig. Das Weibchen legt mit bis zu 50 Eiern deutlich mehr Eier in ein Eipaket als die Küchenschabe und kann nach jeder Paarung ungefähr 3 derartige Pakete produzieren (kl. Bild).

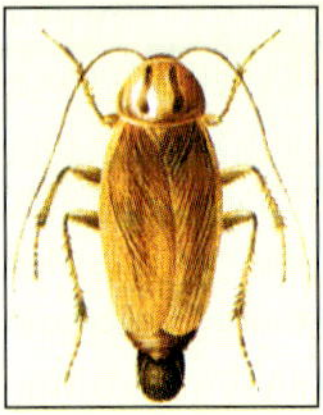

Lappländische Waldschabe

Ectobius lapponicus ORDNUNG SCHABEN

Merkmale: Körperlänge 7-11 mm; Halsschild beim ♂ (oberes Tier) schwarz mit unscharf begrenztem, hellerem Rand, beim ♀ (unteres Tier) hellbraun, Flügel des ♀ etwas verkürzt. V-IX.

Vorkommen: An Wald- und Wegrändern im Gebüsch und am Boden, überall ziemlich häufig; gelegentlich auch in Gärten.

Wissenswertes: Diese kleine Schabenart kommt bei uns nur im Freiland vor. Sie verirrt sich zwar ausnahmsweise auch in Gebäude, kann sich dort aber nicht dauerhaft halten. Das lang geflügelte Männchen kann auch fliegen, legt aber auf diese Weise nur kurze Strecken zurück.

Ähnlich: Bei der **Gewöhnlichen Waldschabe** *Ectobius sylvestris* haben beide Geschlechter ein scharf weiß gerandetes Halsschild. Die Flügel des Weibchens (Bild) sind stark verkürzt.

Gewöhnlicher Ohrwurm

Forficula auricularia ORD. OHRWÜRMER

Merkmale: Hinterleib am Ende mit langen, ungegliederten Zangen, die beim ♂ (großes Bild) stark gebogen und innen gezähnt, beim ♀ (kleines Bild) fast gerade sind; Vorderflügel zu winzigen Schuppen reduziert. Ganzjährig.

Vorkommen: Besonders in offenem Gelände und im Siedlungsbereich überall häufig.

Wissenswertes: Unter den winzigen Vorderflügelschuppen liegen voll entwickelte, häutige Hinterflügel verborgen. Sie sind fächerförmig und zudem mehrfach quer gefaltet und ragen als kurze Zipfel unter den Schuppen hervor. Zu ihrer Entfaltung dienen die Hinterleibszangen, doch ist der G.O. offenbar flugunfähig. Man hat aber andere Arten schon fliegen sehen. Das Weibchen legt im Frühjahr in einer Erdhöhle seine Eier ab, befreit sie von Zeit zu Zeit von Schimmelpilzen und bewacht sie bis zum Schlüpfen der Larven.

Gottesanbeterin *Mantis religiosa*

Merkmale: Körperlänge 45-75 mm; Färbung grün oder braun, selten gelb; Vorderbrust stark verlängert, Vorderbeine zu klappmesserartigen, stark bedornten Fangbeinen umgewandelt. VII-XI.

Vorkommen: In M.-EU nur an besonders warmen, klimatisch begünstigten Orten, z.B. im Oberrheintal, im Saartal, in Südtirol und der Südschweiz; selten, doch in letzter Zeit stellenweise in Ausbreitung begriffen.

Wissenswertes: Die G. lauert im Allgemeinen fast unbeweglich mit gebetsartig erhobenen Vorderbeinen auf Beute. Dabei ist sie durch ihre Färbung meist ausgezeichnet getarnt. Sie erbeutet verschiedene andere Insekten, etwa Fliegen und Grashüpfer, die – oft nach zeitlupenartigem Anpirschen – blitzschnell mit den Fangbeinen ergriffen und den Mundwerkzeugen zugeführt werden (oberes kleines Bild).

Nur das Männchen ist flugfähig. Zur Paarung schleicht es sich sehr vorsichtig von hinten an das Weibchen heran und springt dann plötzlich auf den Rücken der Partnerin. Ist diese paarungswillig, verhält sie sich passiv und lässt das Männchen die oft stundenlange Paarung vollziehen. Unmittelbar danach erwacht sie jedoch aus ihrer Lethargie und betrachtet den Gatten nunmehr als willkommene Beute, sollte dieser sich zwischenzeitlich nicht in Sicherheit gebracht haben. Nach einigen Tagen legt das Weibchen die Eier, eingebettet in ein schaumiges, später erstarrendes Sekret (unteres kl. Bild), an einem Stein oder Zweig ab. Die Larven schlüpfen im folgenden Frühjahr und sind im Hochsommer ausgewachsen. **RL, §!**

Erdholztermite *Reticulitermes lucifugus*

Merkmale: Arbeiter mit 2-3 mm Körperlänge, weißlich; Soldaten 3-5 mm lang, ebenfalls weißlich, mit vergrößertem, gelbbraunem Kopf und scherenförmigen, schwarzen Kiefern; Geschlechtstiere 6-9 mm groß, dunkelbraun, zur Schwärmzeit mit langen, schmalen Flügeln. Ausgewachsene Tiere ganzjährig auftretend.

Vorkommen: Im Mittelmeergebiet weit verbreitet und stellenweise häufig, vor allem in bewaldeten Gegenden.

Wissenswertes: E. leben unterirdisch unter Steinen oder oberirdisch in abgestorbenen Bäumen in sehr volkreichen Staaten. Sie ernähren sich von Holz, das sie mit Hilfe besonderer Einzeller in ihrem Darm verdauen können. Die große Masse des Volkes besteht aus Larven, die nie erwachsen werden und sich um alle Nestbauaktivitäten zu kümmern haben, den Arbeitern. Einige von ihnen wachsen zu großköpfigen Soldaten heran, die vor allem Verteidigungsaufgaben wahrnehmen. Im Frühjahr wachsen wieder andere Larven zu Geschlechtstieren heran, die zum Hochzeitsflug ausschwärmen. Wenn sich ein Paar gefunden hat, werfen die Tiere ihre Flügel ab, ziehen sich in einen Schlupfwinkel zurück, paaren sich und begründen als Königin und König einen neuen Staat. Beide können mehrere Jahre alt werden. Nach ihrem Tod können sich im Nest aus Larven »Ersatzgeschlechtstiere« bilden, die den Staat weiter am Leben halten.

Ähnlich: Bei der etwas größeren **Gelbhalstermite** *Calotermes flavicollis* haben die bis zu 11 mm großen Geschlechtstiere ein gelbes Halsschild. Die Soldaten sind etwas dunkler als die der Erdholztermite und besitzen gezähnte Kiefer. Die Art lebt im Holz erkrankter, aber noch nicht abgestorbener Bäume.

Grünes Heupferd *Tettigonia viridissima* FAMILIE LAUBHEUSCHRECKEN

Merkmale: Körperlänge 28-42 mm; Färbung grün, oft am Rücken braun; Flügel die Hinterknie weit überragend, Legebohrer des ♀ etwa bis zur Flügelspitze reichend. VII-X.

Vorkommen: An Wegrändern, auf Trockenwiesen und im Siedlungsbereich überall häufig.

Wissenswertes: Diese recht große Art ist durch ihre Färbung in der Vegetation nicht leicht zu entdecken und wird daher trotz ihrer Häufigkeit relativ selten gefunden. Sie ernährt sich vorwiegend von Raupen und anderen Insekten, auch von Kartoffelkäferlarven, kaum dagegen von Pflanzen, sodass sie sich als durchaus nützlich erweist.

Das Männchen lässt etwa ab den Mittagsstunden seinen charakteristischen Gesang ertönen. Dabei sitzt es kopfunter meist auf einer etwas erhöhten Pflanze und reibt die beiden Vorderflügel aneinander. Der Ton entsteht, indem eine geriefte Schrillader auf der Unterseite des oben liegenden Flügels über eine vorstehende Schrillkante des unteren Flügels gerieben wird. Eine rundliche Membran in den Flügeln dient als Verstärker. Der hochfrequente Gesang besteht aus einem weichen Schwirren, das durch eine kurze Pause nach jedem 2. Tonstoß etwas zerhackt wirkt. Das Weibchen versenkt die Eier mit seinem langen Legebohrer ins Erdreich, wo sie meist zweimal überwintern. Erst danach schlüpfen die Larven, die bis auf die fehlenden Flügel schon sehr ihren Eltern ähneln.

Ähnlich: Beim etwas kleineren **Zwitscherheupferd** *Tettigonia cantans* reichen die Flügel nur bis zu den Hinterknien; sie werden beim Weibchen (Bild) vom Legebohrer weit überragt. Diese Art lebt mehr auf feuchten Wiesen und im Gebirge und erzeugt einen sehr schrillen, gleichmäßig schwirrenden Gesang.

Warzenbeißer *Decticus verrucivorus* FAMILIE LAUBHEUSCHRECKEN

Merkmale: Körperlänge 24-44 mm; Färbung braun oder grün, gelegentlich fast schwarz, meist mit hell-dunkler Flügelfleckung; Körperbau recht plump, Flügel nur wenig über den Hinterleib hinausragend. VI-X.

Vorkommen: Vorwiegend auf trockenem, niedrig mit Gras bewachsenem Gelände; im Bergland häufiger als in der Ebene.

Wissenswertes: Der Name Warzenbeißer geht auf einen alten Volksglauben zurück. Danach soll sich der Biss dieser Heuschrecke, bei dem meist auch etwas Darmsaft in die Bissstelle geträufelt wird, zur Bekämpfung von Warzen eignen. Wie das Grüne Heupferd ernährt sich der W. vorwiegend von tierischer Nahrung, daneben aber auch von Pflanzenteilen. Er hält sich stets am Boden auf und ist deshalb auf sehr schütter bewachsene Flächen angewiesen, die aber heute vor allem durch den Rückgang der Schafbeweidung mehr und mehr verschwinden.

Sein Gesang besteht aus deutlich voneinander getrennten, hochfrequenten Tonstößen, die zunächst stockend, dann in immer schnellerer Folge aneinandergereiht werden. Dabei drängt sich der Vergleich mit einem alten Traktor auf, dessen Motor erst allmählich zum Laufen kommt. Das durch den Gesang angelockte Weibchen besteigt das Männchen zur Paarung. Dieses wiederum stellt sich jetzt auf den Kopf und umklammert mit den Vorderbeinen den weiblichen Legebohrer. Dann heftet es eine aus Gallerte mit darin eingebetteten Spermien bestehende Spermatophore an die Geschlechtsöffnung des Weibchens. **RL**

Ähnlich: Die sehr seltene, in M.-EU fast ausgestorbene **Heideschrecke** *Gampsocleis glabra* sieht aus wie ein kleiner Warzenbeißer. Sie kann ebenfalls grün oder braun gefärbt sein, ist aber etwas schlanker. In D kommt sie nur noch in der Lüneburger Heide vor. **RL! §!**

Roesels Beißschrecke *Metrioptera roeseli* FAM. LAUBHEUSCHRECKEN

Merkmale: Körperlänge 14-18 mm; Färbung grün oder braun, Halsschildseiten mit scharf abgesetztem, hellem Randstreifen; Flügel etwa bis zur Hinterleibsmitte. VII-X.

Vorkommen: Auf trockenen und feuchten Wiesen, auch auf regelmäßig gedüngten Flächen; überall häufig.

Wissenswertes: R.B. gehört zu den anspruchslosesten heimischen Langfühlerschrecken (zu denen neben den Laubheuschrecken auch die Grillen gerechnet werden). Sie scheint sich selbst noch auf Löwenzahnwiesen, die von fast allen übrigen Heuschrecken gemieden werden, wohl zu fühlen. Ihr Gesang besteht aus einem sehr zarten und gleichmäßigen, hochfrequenten Schwirrton, der ununterbrochen über einen langen Zeitraum vorgetragen wird. Immer wieder treten auch Tiere mit voll entwickelten, den Hinterleib weit überragenden Flügeln auf. Solche Exemplare besitzen aber meist verkümmerte Geschlechtsorgane.

Gewöhnl. Strauchschrecke *Pholidoptera griseoaptera* LAUBHEUSCH.

Merkmale: Körperlänge 13-18 mm; Färbung grau oder braun, Bauch gelb; Flügel des ♂ (Bild) etwa von Halsschildlänge, beim ♀ winzig. VII-X.

Vorkommen: An Waldrändern und in Gebüschen; fast überall häufig, nur im nördlichen D seltener.

Wissenswertes: Die G.S. hält sich vorzugsweise in Bodennähe im Gebüsch auf. Bei Gefahr entfernt sie sich mit weiten Sprüngen und ist dann im Pflanzengewirr nicht mehr zu finden. Sie lebt wie die meisten Langfühlerschrecken teils von tierischer, teils von pflanzlicher Nahrung. Das Männchen erzeugt sehr schrille, kurze Zirptöne. Selbst bei trübem Wetter und auch noch nach den ersten Nachtfrösten sind diese bis spät in die Nacht zu hören. Bei niedriger Temperatur verlangsamen sich aber die Flügelbewegungen; dann kann man feststellen, dass die vermeintlichen Einzellaute jeweils aus 3 Tonstößen bestehen. Die Eier werden vom Weibchen mit dem Legebohrer ins Erdreich, in Rindenritzen oder Pflanzenstängel versenkt.

Gewöhnl. Eichenschrecke *Meconema thalassinum* LAUBHEUSCHRECKEN

Merkmale: Körperlänge 12-15 mm; Färbung hellgrün, Flügel nur wenig über die Hinterleibsspitze hinausragend; ♀ (Bild) mit langem, säbelförmigem Legebohrer. VII-XI.

Vorkommen: In Laubwäldern, insbesondere Eichenwäldern, regelmäßig auch in Gärten und Parkanlagen; überall ziemlich häufig.

Wissenswertes: Die streng nachtaktive Art hält sich tagsüber meist an der Unterseite von Eichenblättern verborgen. Sie ernährt sich offenbar ausschließlich von anderen Insekten, etwa Raupen und Blattläusen, ist dem Gärtner also ein ausgesprochen nützliches Tier. Trotz ihrer relativ kurzen Flügel kann sie recht gut fliegen. Die Art wird stark von Licht angezogen und erscheint daher regelmäßig an erleuchteten Fenstern. Ungewöhnlich ist bei ihr die Tonerzeugung. Das Männchen setzt sich hierzu bei völliger Dunkelheit auf ein Blatt und erzeugt mit einem seiner Hinterbeine einige kurze, schnurrende Trommelwirbel. Der letzte dieser Trommelwirbel ist dabei jeweils etwas ausgedehnter, sodass sich eine solche Lautfolge etwa mit »trrr-trrr-trrr-trrr-trrrrrrrr« umschreiben lässt. Das Blatt stellt dabei den Resonanzboden dar und bewirkt, dass dieses Trommeln durchaus einige Meter weit hörbar wird. Das Hörorgan liegt wie bei allen Langfühlerschrecken dicht unter den Knien der Vorderbeine. Hier ist es als ovale Öffnung gut zu erkennen (bei vielen anderen Arten, etwa beim Heupferd, ist diese Öffnung bis auf einen schmalen Spalt geschlossen). Das Weibchen schiebt seine Eier mit dem Legebohrer in Rindenritzen von Eichenstämmen.

Ähnlich: Die **Südliche Eichenschrecke** *Meconema meridionale* ähnelt durch ihre winzigen, stummelförmigen Flügel eher einer Larve. Sie breitet sich in letzter Zeit in Süddeutschland stark aus.

Feldgrille *Gryllus campestris*

Merkmale: Körperlänge 20-26 mm; untersetzt und großköpfig, schwarz mit gelb gezeichneten Flügeln; ♀ mit langem, dünnem, ziemlich geradem Legebohrer. V-VII.

Vorkommen: An trockenen, sonnigen Stellen, z.B. auf Magerwiesen und Trockenrasen, besonders im süddeutschen Bergland (hier gebietsweise recht häufig), im norddeutschen Flachland sehr selten geworden.

Wissenswertes: Die Tiere leben in selbst gegrabenen Erdröhren, die ungefähr 20 cm schräg hinabführen. Vor der etwa fingerdicken Röhrenmündung wird eine kleine »Arena« durch Abbeißen der Vegetation frei gehalten. Von hier aus lassen die Männchen ihren recht lauten, wohlklingenden Gesang ertönen. Dabei heben sie, wie im großen Bild erkennbar, beide Vorderflügel etwas an und reiben sie gegeneinander. Bei einer Störung flüchten sie in ihre Erdröhre, lassen sich aber leicht durch einen Grashalm wieder hervorkitzeln. Jedes Männchen verteidigt sein Territorium gegenüber Geschlechtsgenossen und liefert sich mit ihnen nicht selten erbitterte Kämpfe. Beim Auftauchen eines Weibchens aber streckt es diesem die Hinterleibsspitze entgegen und geht zu einem viel zarteren Werbegesang über, bis die Partnerin schließlich aufsteigt (kleines

Bild). Nun heftet das Männchen eine kleine, bräunliche Spermatophore an die weibliche Geschlechtsöffnung und das Paar trennt sich wieder. Oft teilt es sich aber anschließend die Wohnung des Männchens für mehrere Tage, wobei es zu weiteren Paarungen kommt. Das Weibchen legt seine Eier meist in der Wohnröhre im Boden ab. Die im Hochsommer schlüpfenden, schwarzen Larven erreichen bis zum Herbst meist das drittletzte oder vorletzte Stadium und überwintern in einem selbst gegrabenen Erdgang. **RL**

Heimchen *Acheta domesticus*

FAMILIE GRILLEN

Merkmale: Körperlänge 16-20 mm; schlanker als die Feldgrille, hellbraun gefärbt mit dunkleren Zeichnungen auf Kopf und Halsschild. Ganzjährig.

Vorkommen: In M.-EU fast nur in Gebäuden, besonders an warmen Stellen (z.B. in Bäckereien und Gaststätten), im Sommer auch auf Müllplätzen und an ähnlichen Orten; in den meisten Gegenden nicht selten, aufgrund verbesserter Hygienebedingungen aber heute sehr viel seltener als früher.

Wissenswertes: Das H. ernährt sich vor allem von Küchenabfällen und Lebensmittelvorräten. Es ist vorwiegend nachts mobil, tagsüber verbirgt es sich in Ritzen und Spalten. Obwohl die Tiere voll entwickelte Flügel besitzen, machen sie nur höchst selten davon Gebrauch; bei Gefahr fliehen sie stets in schnellem Lauf oder mit kurzen Sprüngen. Ihr Gesang ähnelt sehr dem der Feldgrille, ist aber etwas leiser. An ihren warmen Aufenthaltsorten können sie sich das ganze Jahr hindurch fortpflanzen, sodass Tiere aller Entwicklungsstadien zu allen Jahreszeit nebeneinander zu finden sind.

Maulwurfsgrille *Gryllotalpa gryllotalpa*

FAMILIE MAULWURFSGRILLEN

Merkmale: Körperlänge 35-50 mm; Vorderbeine zu kräftigen Grabschaufeln umgebildet. Ganzjährig.

Vorkommen: Vorzugsweise an feuchten Orten mit lehmig-sandigem oder torfigem Boden, z.B. in Gärten, Mooren oder Lehmgruben; sehr lückenhaft verbreitet, aber stellenweise häufig.

Wissenswertes: Die M. lebt in selbst gegrabenen, dicht unter dem Erdboden hinstreichenden, fingerdicken Gängen. Sie ernährt sich vor allem von im Boden lebenden Würmern und Insektenlarven, beißt bei ihrer Grabtätigkeit aber auch Pflanzenwurzeln durch und bringt hierdurch nicht selten Nutzpflanzen zum Absterben. Damit macht sie sich bei Gärtnern ausgesprochen unbeliebt und wird daher vielerorts erbittert bekämpft. Zur Paarungszeit (V/VI) lassen die Männchen vor allem in der Abenddämmerung einen gleichmäßig schnurrenden Gesang ertönen. Die Weibchen bewachen im Frühsommer in einer Erdhöhle ihr Eigelege (Bild). Die Larvenentwicklung ist erst nach etwa 2 Jahren abgeschlossen, die fertigen Grillen leben danach noch 1 weiteres Jahr.

Italienische Schönschrecke *Calliptamus italicus* F. KNARRSCHRECKEN

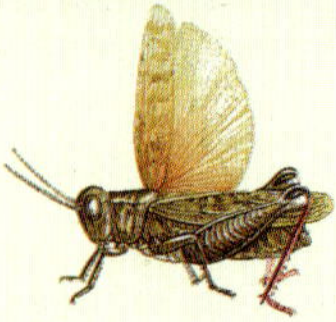

Merkmale: Körperlänge 15-34 mm; grau oder braun mit dunklerer Fleckenzeichnung und oft hellen Längsstreifen auf Halsschild und Vorderflügeln, Hinterflügel rosa (Zeichnung); ♂ (großes Bild) mit langen, gebogenen Hinterleibszangen. VII-X.

Vorkommen: An ausgesprochen trockenwarmen Stellen mit sehr lückiger Vegetation; in D sehr selten (z.B. im Rheintal und in Brandenburg), in S-EU hingegen häufig.

Wissenswertes: Die I.S. ist durch ihre Färbung auf dem Erdboden gut getarnt, erst in der Bewegung, etwa auf der Flucht, werden ihre leuchtend roten Hinterschienen und die rosa getönten Hinterflügel sichtbar.

Die Männchen erzeugen, wie für die Vertreter der Knarrschrecken üblich, mit ihren Oberkiefern leise, etwa 50 cm weit hörbare Zirptöne, besonders wenn sie mit Artgenossen zusammentreffen.

Die Art war noch vor knapp 100 Jahren bei uns stellenweise so häufig, dass sie als Schädling bekämpft wurde. Mittlerweile gilt sie in D als vom Aussterben bedroht. **RL! §!**

Alpine Gebirgsschrecke *Miramella alpina* FAMILIE KNARRSCHRECKEN

Merkmale: Körperlänge 16-31 mm; leuchtend grün mit schwarzen Zeichnungen, Unterseite der Hinterschenkel rot; Flügel meist stark verkürzt; ganzer Körper fein aufrecht behaart. VII-IX.

Vorkommen: Auf Bergwiesen und auf feuchten Waldlichtungen; in D nur in den Alpen, im Alpenvorland und im Schwarzwald, gebietsweise ziemlich häufig.

Wissenswertes: Man findet diese schöne Heuschrecke oft scharenweise in Höhen von 1000 m und etwas darüber auf Pestwurzblättern in der Nähe von Bergbächen. Mit zunehmender Höhe tritt sie dann aber auch an deutlich trockeneren, spärlich bewachsenen Stellen auf und kann in den Alpen bis in fast 3000 m Höhe angetroffen werden. Mit zunehmender Höhe ihrer Fundorte geht die Flügellänge immer weiter zurück.

Ähnlich: Die ebenfalls kurzflügelige **Gewöhnliche Gebirgsschrecke** *Podisma pedestris* besitzt eine bräunliche Färbung mit z.T. recht bunter Zeichnung. Sie bevorzugt trockenes, steiniges Gelände und kommt außer in den Alpen auch in einigen Mittelgebirgen vor. **RL!**

Säbeldornschrecke *Tetrix subulata* FAMILIE DORNSCHRECKEN

Merkmale: Körperlänge 7-12 mm; Färbung sehr variabel, grau, braun oder schwarz mit unterschiedlichstem Zeichnungsmuster; Halsschild nach hinten in einen Dorn verlängert, der die Hinterleibsspitze deutlich überragt. Ganzjährig.

Vorkommen: Vorwiegend an feuchten Stellen in Gewässernähe, fast überall ziemlich häufig.

Wissenswertes: Bei dieser Art sind, wie bei allen Dornschrecken, die Vorderflügel zu winzigen, eiförmigen Schuppen rückgebildet (auf dem Bild vor dem Hinterschenkel sichtbar). Die Hinterflügel sind dagegen voll entwickelt und ragen nach hinten etwas über die Spitze des Dorns hinaus. Die S. kann damit sehr gut fliegen. Neben der normalen, langdornigen Form treten immer wieder auch Exemplare auf, deren Dorn die Hinterleibsspitze lediglich um etwa 1-2 mm überragt. Die Nahrung besteht neben Gräsern auch aus Moosen und Flechten. Die Männchen werben mit pantomimischen Bewegungen um die Weibchen, anders als die meisten übrigen Heuschrecken ist die S. wie alle Dornschrecken stumm.

Ähnlich: Bei der **Gewöhnlichen Dornschrecke** *Tetrix undulata* ist der Dorn stärker gebogen und überragt die Hinterleibsspitze kaum.

Europäische Wanderheuschrecke *Locusta migratoria* FELDHEUSCHR.

Merkmale: Körperlänge 32-54 mm; Färbung grün oder (seltener) braun, Flügel mit dunklen Würfelflecken; Hinterschienen rot; Halsschild mit scharfem, aufgewölbtem Rückenkiel. VI-IV.

Vorkommen: Vor allem in feuchten, sandigen Gebieten, doch auch auf ausgesprochen trockenem, steinigem Gelände; im Mittelmeergebiet weit verbreitet und meist häufig.

Wissenswertes: Die auffallend große, scheue Heuschrecke neigte in früheren Jahrhunderten in ihren mediterranen Vorkommensgebieten jahrweise zu Massenvermehrungen. Unter den damit verbundenen Stressbedingungen entwickeln sich die Tiere zu einer besonderen Form, die sich durch einen flachen Halsschildkiel und eine blassbraune Färbung von den Normaltieren unterscheidet (kleines Bild). Diese sog. Wanderphase organisiert sich zu Wanderschwärmen, die früher bis nach Mitteleuropa und hier z.T. bis ins norddeutsche Flachland vorstießen und in der Vegetation stellenweise eine Spur der Verwüstung zurückließen. Die aus den Eiern der wandernden Tiere schlüpfenden Larven entwickelten sich wieder zu normalen Heuschrecken der sesshaften Phase und konnten sich unter günstigen Bedingungen erfolgreich fortpflanzen. Meist erloschen derartige Populationen nach wenigen Jahren wieder. An manchen Orten, etwa im schweizerischen Tal des Alpenrheins, konnten sie sich jedoch bis zum Beginn des 20. Jh. behaupten. Da es offenbar durch veränderte Bewirtschaftungsmethoden im Mittelmeerraum schon seit über 100 Jahren keine Massenentwicklung mehr gab, dürfte die Art wohl nicht mehr bis nach Mitteleuropa vorstoßen.

Blauflügelige Ödlandschrecke *Oedipoda caerulescens* FELDHEUSCHR.

Körperlänge 15-25 mm

Merkmale: Grundfärbung grau, braun oder rötlich, manchmal fast weiß, Vorderflügel mit dunklen Querbinden, Hinterflügel hellblau gefärbt mit dunkelbrauner Binde. VII-X.

Vorkommen: An warmen Stellen auf sandigem oder steinigem Untergrund; in D ziemlich selten, in S-EU häufig.

Wissenswertes: Die Tiere können die Färbung im Lauf ihrer Entwicklung dem Untergrund anpassen und sind daher in ihrer natürlichen Umgebung oft nur sehr schwer zu entdecken. So findet man z.B. auf alten Brandflächen nahezu schwarze Tiere, während die auf den Kalkfelsen der Mittelmeerküste lebenden Exemplare oft weißlich gefärbt sind. Erst wenn man sie aufscheucht, fallen sie durch ihre bunten Hinterflügel ins Auge. **RL, §!**

Ähnlich: Die in M.-EU viel seltenere, noch stärker wärmebedürftige **Rotflügelige Ödlandschrecke** *Oedipoda germanica* hat rote Hinterflügel. **RL, §!**

Sumpfschrecke *Mecostethus grossus* FAMILIE FELDHEUSCHRECKEN

Merkmale: Körperlänge 12-39 mm; Grundfärbung olivgrün bis bräunlich mit schwarzen, gelben und roten Zeichnungen; ♀ (Bild) oft mehr oder weniger stark weinrot übergossen. VII-X.

Vorkommen: Auf Sumpfwiesen und Mooren; durch den Rückgang der Feuchtgebiete vielerorts selten geworden.

Wissenswertes: Die schöne, auffallende Art tritt dort, wo sie noch vorkommt, meist recht zahlreich auf. Die Männchen haben eine eigenartige Methode der Tonerzeugung: Sie schleudern ihre Hinterschienen ruckartig nach hinten (vergleichbar mit einem Pferd, das ausschlägt) und kratzen dabei mit den am Schienenende liegenden Dornen über die Flügel. Dadurch entstehen charakteristische Knipslaute, die im Spätsommer oft auf Sumpfwiesen zu hören sind. Die Eier werden, wie bei allen Feldheuschrecken, in ein schaumiges, später erhärtendes Sekret eingebettet, vom Weibchen an der Basis von Pflanzen oder knapp unter der Erde abgelegt. Die Larven sind dunkelbraun und damit viel dunkler als die Imagines. **RL**

Rote Keulenschrecke *Gomphocerus rufus* FAMILIE FELDHEUSCHRECKEN

Merkmale: Körperlänge 11-17 mm; Fühler mit lanzettförmig erweiterten, am Ende weißen Spitzen, beim ♂ (Bild) fast körperlang. VII-XI.
Vorkommen: An Wald- und Wegrändern; ziemlich häufig, im N seltener.
Wissenswertes: Der Gesang des Männchens setzt sich aus 3-5 Sekunden langen Versen zusammen. Das Tier erzeugt ihn wie fast alle Feldheuschrecken, indem es seine Hinterbeine schnell an den Flügeln auf- und abstreicht. Dabei reibt eine gezähnte Leiste an der Innenseite des Schenkels über eine vorstehende Flügelader.

Heidegrashüpfer *Stenobothrus lineatus* FAMILIE FELDHEUSCHRECKEN

Merkmale: Körperlänge 15-26 mm; Grundfärbung meist grün, Flügel des ♀ (Bild) meist weiß gestreift; beide Geschlechter mit kommaförmigem, aus weißen Adern gebildetem Flügelfleck. VII-X.
Vorkommen: Auf trockenen, grasigen Flächen, besonders auf Heiden und Trockenrasen; in den meisten Gegenden nicht selten.
Wissenswertes: Das Männchen bewegt bei der Tonerzeugung seine beiden Beine nicht gleichzeitig, sondern etwas phasenversetzt auf und ab. Hierdurch entsteht schnurrender, regelmäßig an- und abschwellender Gesang, der in seiner Rhythmik an den Heulton einer Sirene erinnert.

Nachtigallgrashüpfer *Chorthippus biguttulus* FELDHEUSCHR.

Merkmale: Körperlänge 13-22 mm; Färbung meist grau oder braun, Halsschild-Seitenkiele winkelig geknickt. VII-XI.
Vorkommen: An sonnigen Wegrändern und auf trockenen Flächen überall häufig.
Wissenswertes: Der N. ist am Aussehen fast nicht von mehreren nahe verwandten Arten zu unterscheiden, hat aber einen völlig anderen Gesang als diese. Das Männchen erzeugt 2-3 Sekunden lange Schmetterverse, die von deutlich getrennten, harten Tonstößen allmählich in einen zusammenhängenden Schwirrton übergehen, während z.B. der **Braune Grashüpfer** *Chorthippus brunneus* lauter ganz kurze Einzeltöne vorträgt.

Kleine Goldschrecke *Chrysochraon brachyptera* FELDHEUSCHRECKEN

Merkmale: Körperlänge 13-26 mm; Flügel beim ♀ (Bild) stummelförmig, leuchtend rosa, beim ♂ etwa bis zur Hinterleibsmitte reichend und grün gefärbt. VI-IX.
Vorkommen: In feuchtem und trockenem, grasigem Gelände; im südlichen D häufig, nördlich der Mittelgebirge weitgehend fehlend.
Wissenswertes: Der Gesang des Männchens besteht aus sehr leisen, kurzen Schwirrversen. Das Weibchen faltet zur Eiablage mit den Hinterbeinen Blätter zusammen und legt in die Falte, oft auch zwischen 2 Blätter, jeweils 5 oder 6 Eier ab.

Buntbäuchiger Grashüpfer *Omocestus ventralis* FELDHEUSCHR.

Merkmale: Körperlänge 12-21 mm; ♂ (Bild) meist schwarz mit hellerem Rücken und blutroter Hinterleibsspitze, ♀ meist am Rücken grün; Bauch bei beiden Geschlechtern von vorn nach hinten nach Art eines Regenbogens von gelbgrün über gelb bis leuchtend rot gefärbt. VII-XI.
Vorkommen: An sehr trockenen, nur lückig bewachsenen Geländestellen, besonders im Bergland, doch ebenso an trockenen Rändern von Mooren; ziemlich selten.
Wissenswertes: Der Gesang besteht aus etwa 5 Sekunden langen, schwirrend-tickenden Versen, die an einen schnell tickenden Wecker erinnern.

Gewöhnlicher Grashüpfer *Chorthippus parallelus* FELDHEUSCHR.

Merkmale: Körperlänge 13-23 mm; Färbung und Zeichnung sehr variabel, bunt gescheckte und einfarbige, graue, braune und grüne Tiere meist nebeneinander; Flügel beim ♀ (Bild) vor der Hinterleibsmitte endend, beim ♂ bis fast zur Hinterleibsspitze; Halsschild-Seitenkiele nach hinten etwas auseinanderweichend. VI-XI.
Vorkommen: In mäßig trockenem bis mäßig feuchtem, offenem Gelände überall sehr häufig.
Wissenswertes: Das Männchen trägt etwa einsekündige, aus kurzen, kratzenden Einzeltönen bestehende Gesangsverse vor. Während die meisten Feldheuschrecken nur bei Sonnenschein singen, kann man diese Art z.T. auch nachts hören.

Schnabelkerfe und Verwandte

In dieser Gruppe werden mit den Wanzen, Zikaden, Pflanzenläusen, Tierläusen und Fransenflüglern Insekten mit stechenden Mundwerkzeugen zusammengefasst. Die ebenfalls hierher gerechneten Staubläuse besitzen allerdings noch beißende Kiefer. Viele Vertreter dieses Verwandtschaftskreises genießen als Pflanzenschädlinge, andere als Blutsauger einen schlechten Ruf; eine Art – die Bettwanze – hat sogar ihre gesamte Ordnung, die Wanzen, in Misskredit gebracht. Dabei finden sich unter den Schnabelkerfen eine Vielzahl ausgesprochen nützlicher Arten, die sich etwa als Blattlausvertilger oder Fliegenjäger hervortun. Es gibt sogar Wanzen, die sich geradezu rührend um ihren Nachwuchs kümmern, wie etwa die hier abgebildete Fleckige Brutwanze. Das Weibchen »bebrütet« zunächst sein Eigelege und bewacht später bis zum eigenen Tod die gesamte Schar seiner zahlreichen Jungen. In der Verwandtschaft der Schnabelkerfe, etwa bei den Fransenflüglern und Mottenschildläusen, gibt es in der Entwicklung bereits Ruhestadien, die schon sehr an das Puppenstadium der Insekten mit vollständiger Verwandlung erinnern.

Weibchen der Fleckigen Brutwan

etreut seinen Nachwuchs

Wasserskorpion *Nepa rubra*

FAMILIE SKORPIONSWANZEN

Merkmale: Körperlänge 17-22 mm; Vorderbeine zu klappmesserartigen Fangbeinen umgewandelt, Hinterende mit Atemröhre. Ganzjährig.

Vorkommen: In stehenden und langsam fließenden Gewässern überall häufig.

Wissenswertes: Der W. hält sich meist im flachen Wasser in Ufernähe auf und streckt seine Atemröhre zum Wasserspiegel empor. Mit seinen Fangbeinen erbeutet er verschiedene andere Wassertiere, die er mit seinem Stechrüssel aussaugt. Die im Frühjahr abgelegten Eier tragen 6-8 fadenförmige Atemfortsätze.

Rückenschwimmer *Notonecta glauca*

FAMILIE RÜCKENSCHWIMMER

Merkmale: Körperlänge 15-16 mm; Hinterbeine zu Schwimmbeinen umgewandelt; schwimmt immer mit dem Bauch nach oben. VII-V.

Vorkommen: In stehenden Gewässern aller Art; überall häufig.

Wissenswertes: Der R. speichert seine Atemluft in 2 von Borsten begrenzten Rinnen am Bauch. Durch den damit verbundenen bauchseitigen Auftrieb erklärt sich seine Schwimmlage. Zur Erneuerung des Luftvorrats hängt er sich an den Wasserspiegel und schiebt die Hinterleibsspitze etwas darüber hinaus. Mit seinem Rüssel kann er auch Menschen sehr schmerzhaft stechen.

Ruderwanze *Corixa punctata*

FAMILIE RUDERWANZEN

Merkmale: Körperlänge 13-15 mm; Rücken helldunkel marmoriert, Körper abgeflacht, Hinterbeine zu langen Ruderbeinen umgewandelt. VII-V.

Vorkommen: In stehenden, pflanzenreichen Gewässern ziemlich häufig.

Wissenswertes: Da die R. ihre Atemluft unter den Flügeln speichert, schwimmt sie, anders als der Rückenschwimmer, stets mit dem Rücken nach oben. Im Gegensatz zu den meisten anderen Wasserwanzen ernährt sie sich vorwiegend von pflanzlichen Abfallstoffen. Das Männchen kann deutlich hörbare Zirptöne erzeugen, indem es mit den Vorderbeinen über die Kante seines Kopfes streicht (»Wasserzikade«).

Stabwanze *Ranatra linearis*

FAMILIE SKORPIONSWANZEN

Merkmale: Körperlänge 30-40 mm; auffallend schmal und langgestreckt, Vorderbeine zu Fangbeinen umgewandelt, Hinterende mit langer Atemröhre. VIII-VI.

Vorkommen: In pflanzenreichen stehenden Gewässern; in den meisten Gegenden nicht selten.

Wissenswertes: Die S. nimmt meist eine starre Schreckhaltung mit steif abgespreizten Beinen ein, sobald man sie aus dem Wasser nimmt. Die mit 2 langen, fadenförmigen Atemfortsätzen ausgestatteten Eier werden in Pflanzenteile abgelegt, die auf dem Wasser schwimmen.

Schwimmwanze *Ilyocoris cimicoides*

FAMILIE SCHWIMMWANZEN

Merkmale: Körperlänge 12-15 mm; Vorderbeine zu kurzen, klappmesserartigen Fangbeinen, Hinterbeine zu Schwimmbeinen umgewandelt. Ganzjährig.

Vorkommen: In stehenden, pflanzenreichen Gewässern; überall ziemlich häufig.

Wissenswertes: Die sehr an einen Käfer erinnernde S. ernährt sich wie die meisten übrigen Wasserwanzen räuberisch von anderen Wassertieren, vor allem von Insektenlarven, daneben aber auch von Kaulquappen und Fischbrut. Wie der Rückenschwimmer kann sie höchst unangenehm stechen, wenn man sie unvorsichtigerweise in die Hand nimmt.

Wasserläufer *Gerris sp.*

FAMILIE WASSERLÄUFER

Merkmale: Körperlänge 10-17 mm; Vorderbeine kurz, angewinkelt, Mittel- und Hinterbeine sehr lang, flach in Kreuzform ausgebreitet. Ganzjährig.

Vorkommen: Auf der Oberfläche stehender und langsam fließender Gewässer; überall häufig.

Wissenswertes: Die W. besiedeln oft scharenweise die Wasseroberfläche, auf der sie wie Schlittschuhfahrer dahingleiten. Die Behaarung auf der Unterseite ihrer Beine verhindert ein Einsinken. Sie leben vor allem von ins Wasser gefallenen Insekten. Neben Exemplaren mit verkümmerten Flügeln treten meist auch voll geflügelte, flugfähige Tiere auf, die sehr schnell neu entstandene Gewässer besiedeln können.

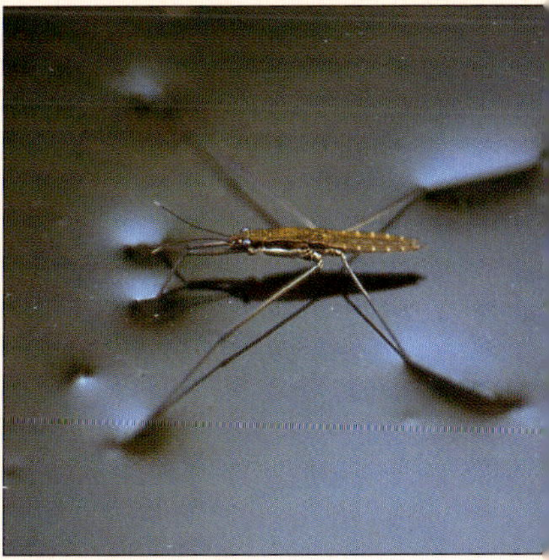

Schmalwanze *Stenodema laevigatum* FAMILIE WEICHWANZEN

Merkmale: Körperlänge 8-9 mm; auffallend schmal gebaut, Hinterschenkel unbedornt, Schildchen (die dreieckige Platte hinter dem Halsschild) mit deutlichen Punktgruben; Färbung je nach Alter verschieden, zunächst hell gelblich, später ocker mit dunklen Streifen, schließlich grünlich. VII-V.

Vorkommen: An etwas feuchten Stellen auf Wiesen und an Waldrändern; fast überall ziemlich häufig.

Wissenswertes: Die S. lebt auf Gräsern, von deren Saft sie sich ernährt. Im Gegensatz zu den meisten übrigen Weichwanzen überwintert sie ausgewachsen.

Ähnlich: Die ebenfalls sehr schmale *Stenodema calcaratum* durchläuft die gleichen Färbungsphasen wie die S. Sie trägt aber am Hinterschenkel 2 Dorne. *S. holsatum* ist hingegen an ihrer deutlich breiteren Körperform zu erkennen. Bei der wiederum sehr schmalen *Notostira eleongata* fehlt die Punktierung des Schildchens.

Rote Weichwanze *Deraeocoris ruber* FAMILIE WEICHWANZEN

Merkmale: Körperlänge 6,5-7,5 mm; Körperform sehr breit; am Vorderrand des Halsschilds mit schmalem, unbehaartem Halsring; Färbung sehr variabel, neben der abgebildeten Form z.B. auch schwarze Tiere mit gelbem Schildchen und rotem Punkt auf den Vorderflügeln. VII-IX.

Vorkommen: Auf Wiesen im südlichen und mittleren D häufig, im N selten.

Wissenswertes: Die R.W. sitzt gern auf Brennnesseln oder Disteln und ernährt sich hier, anders als die meisten Weichwanzen, vorzugsweise von Blattläusen. Die Überwinterung erfolgt als Ei.

Verwandt: Auch die **Rosafleckige Weichwanze** *Calocoris roseomaculatus* sitzt oft auf blühenden Kräutern, saugt aber deren Saft.

Blumenwanze *Anthocoris nemorum* FAMILIE BLUMENWANZEN

Merkmale: Körperlänge 3,5-4,5 mm; im Unterschied zu den Weichwanzen mit 2 Punktaugen zwischen den Komplexaugen; horniger Basalteil des Vorderflügels hellbraun mit schwarzer, nach innen knopfförmig erweiterter Querbinde, membranöser Teil milchig mit verwaschener, dunkler Zeichnung. VII-V.

Vorkommen: In Wäldern, Gärten und offenem Gelände überall häufig.

Wissenswertes: Die B. hält sich weniger auf Blüten (wie eigentlich dem Namen nach zu vermuten wäre) als vielmehr auf Blättern und hier mit besonderer Vorliebe auf Brennnesseln auf. Sie jagt andere Insekten, vor allem Blattläuse und kleine Fliegen. Den eigentlich sympathischen Eindruck macht sie allerdings dadurch zunichte, dass sie oft auch Menschen sticht und bei ihnen Blut saugt. Sie bringt meist 2, unter günstigen Bedingungen auch 3 Generationen im Jahr hervor.

Ähnlich: Die etwa 50 weiteren Arten dieser Familie sind in der Regel noch kleiner oder auf den Flügeln ein wenig anders gezeichnet.

Bettwanze *Cimex lectularius* FAMILIE BETTWANZEN

Merkmale: Körperlänge 5-6 mm; Körper sehr breit und extrem abgeflacht, Flügel zu rundlichen Schuppen zurückgebildet, die Fühlerglieder 3 und 4 verschmälert. Ganzjährig.

Vorkommen: Fast nur in Gebäuden; in neuerer Zeit durch verbesserte Hygiene in M.-EU selten geworden.

Wissenswertes: Die B. ernährt sich ausschließlich von Blut. Tagsüber hält sie sich z.B. unter loser Tapete verborgen, nachts geht sie auf Nahrungssuche. Dabei wird sie durch Körperwärme und erhöhte Konzentration von Kohlendioxid angelockt. Nach einer Mahlzeit kann sie etwa ein halbes Jahr hungern. Sie saugt nicht nur am Menschen, sondern auch an Haustieren und Fledermäusen.

Ähnlich: Die etwas kleinere **Schwalbenwanze** *Oeciacus hirudinis* hat 4 gleichbreite Fühlerglieder. Sie befällt vor allem Schwalben.

Rote Mordwanze *Rhinocoris iracundus*

FAMILIE RAUBWANZEN

Merkmale: Körperlänge 14-17 mm; Halsschild, Flügel, Hinterleib und Beine sehr kontrastreich schwarz-rot gezeichnet. V-VII.

Vorkommen: Auf Trockenwiesen und an sonnigen Waldrändern an warmen Stellen; im südlichen D gebietsweise nicht selten, im N fehlend.

Wissenswertes: Diese kräftige Raubwanze lauert gern auf blühenden Pflanzen und erbeutet hier andere Insekten bis etwa zur eigenen Körpergröße, auch so wehrhafte Tiere wie Honigbienen (rechtes Bild). Man sollte sich vor ihrem Stechrüssel in Acht nehmen und sie besser nicht anfassen. Die dunkelbraunen, mit einem weißen, stöpselförmigen Deckel versehenen Eier werden im Sommer an Steinen oder Pflanzen festgekittet. Die ebenfalls räuberischen Larven überwintern.

Ähnlich: Bei der **Geringelten Mordwanze** *Rhinocoris annulatus* sind nur die Beine und die Hinterleibsränder rot gezeichnet. Sie kommt an ähnlichen Stellen wie die Rote M. vor, lebt aber mehr in Gebüschen.

Kotwanze *Reduvius personatus*

FAMILIE RAUBWANZEN

Merkmale: Körperlänge 15-18 mm; ganz schwarz, Körper etwas abgeflacht. V-VIII.

Vorkommen: Meist in Gebäuden, insbesondere in Altbauten, seltener im Freiland; in süddeutschen Städten allgemein verbreitet, doch meist nur einzeln auftretend, im N fehlend.

Wissenswertes: Die K. besitzt wie alle Raubwanzen einen kurzen, gebogenen, aber ziemlich kräftigen Stechrüssel. Seine Spitze endet unmittelbar vor einer quergerieften Längsfurche in der Vorderbrust. Bei Bedrohung reibt sie die Rüsselspitze in dieser Furche hin und her und erzeugt dadurch ein zirpendes Geräusch, das sozusagen als letzte Warnung vor ihrem sehr unangenehmen Stich zu verstehen ist. Sie ist vorwiegend dämmerungs- und nachtaktiv und fliegt oft erleuchtete Fenster an. Die bräunliche Larve trägt auf ihrem ganzen Körper zahlreiche klebrige Haare. An ihnen bleiben Staubteile haften, sodass sie schließlich zu einem großen Staubklumpen wird und sehr schwer zu entdecken ist, solange sie sich nicht bewegt (rechtes großes Bild). Sie ernährt sich wie die Imago von verschiedenen Insekten und macht sich dadurch ausgesprochen nützlich (kleines Bild).

Fangwanze *Phymata crassipes*

FAMILIE RAUBWANZEN

Merkmale: Körperlänge 8-9 mm; Halsschild- und Hinterleibsränder flügelartig verbreitert, Vorderbeine zu Fangbeinen umgewandelt. V-VI.

Vorkommen: An warmen Stellen, z.B. auf Trockenrasen; im südlichen und mittleren D im Allgemeinen nicht selten.

Wissenswertes: Die abenteuerlich geformte, kleine Wanze sitzt gern auf Blüten (vor allem solchen von Margeriten) und lauert hier auf vorbeikommende Insekten. Nicht selten kann man sie mit recht großen Beutetieren, bis hin zu Schmetterlingen von der Größe eines Bläulings, beobachten. Die ähnlich bizarr geformten Larven sind fast weiß gefärbt. **RL**

Sichelwanze *Nabis limbatus*

FAMILIE SICHELWANZEN

Merkmale: Körperlänge 7-9 mm; ziemlich schmal, Flügel meist deutlich verkürzt, selten voll entwickelt; Hinterleib mit 3 dunklen Längsstreifen. VII-IX.

Vorkommen: An Wegrändern und auf feuchten Wiesen fast überall häufig.

Wissenswertes: Diese kleine Wanze besitzt, ähnlich wie die Raubwanzen, einen bogenförmig gekrümmten Stechrüssel. Im Gegensatz zu letzteren ist er aber ziemlich dünn. Auch die S. ernährt sich räuberisch von anderen Insekten. Die im Herbst abgelegten Eier überwintern.

Ähnlich: Mehrere weitere *Nabis*-Arten sind oft nur nach Genitalmerkmalen sicher von dieser Art zu unterscheiden.

Distelnetzwanze *Tingis cardui*

FAMILIE NETZWANZEN

Merkmale: Körperlänge 3-4 mm; Halsschild und Flügel mit feinem, regelmäßigem Netzmuster, Halsschild oberseits mit 3 Längsleisten. VII-V.

Vorkommen: Auf Wiesen und an Wegrändern meist nicht selten.

Wissenswertes: Die Art lebt auf verschiedenen Distelarten, vor allem auf Kratzdisteln. Man findet die Tiere regelmäßig, wenn man im Spätsommer die Spreuschuppen der Blütenköpfe etwas abspreizt. Sie überwintern ausgewachsen.

Ähnlich: Die **Platanennetzwanze** *Corythucha ciliata* lebt ausschließlich an Platanen.

Lederwanze *Coreus marginatus*

FAMILIE RANDWANZEN

Merkmale: Körperlänge 11-16 mm; Färbung ziemlich einheitlich braun, Hinterleibsränder seitlich unter den Flügeln vorragend. Ganzjährig.

Vorkommen: An Waldrändern und auf Wiesen an etwas feuchten Stellen; überall häufig.

Wissenswertes: Die L. sitzt meist auf Ampferarten, von deren Saft sie sich auch ernährt. Sie überwintert ausgewachsen an geschützten Orten und nimmt während der Winterruhe eine fast schwarze Färbung an. (Bild der Larve ⇨S.8)

Ähnlich: Bei der etwas kleineren **Rautenwanze** *Syrmastes rhombeus* ragen die Seitenränder des Hinterleibs als Dreiecke unter den Flügeln hervor. Sie lebt an sandigen, warmen Stellen und saugt v.a. an Nelkengewächsen.

Feuerwanze *Pyrrhocoris apterus*

FAMILIE FEUERWANZEN

Merkmale: Körperlänge 10-12 mm; Vorderflügel deutlich verkürzt, selten voll entwickelt, rot mit je 1 großen und kleinen schwarzen Fleck. VIII-V.

Vorkommen: Meist am Fuß alter Linden oder Robinien, vor allem im Siedlungsbereich; in den meisten Gegenden häufig.

Wissenswertes: Die F. saugt vorzugsweise an den alten, am Boden liegenden Samen von Linden und Robinien. Gelegentlich findet man sie aber auch auf Malvenfrüchten (Bild). Sie überwintert ausgewachsen. Besonders im zeitigen Frühjahr sieht man die Tiere oft in dichten Klumpen an Mauern oder am Fuß alter Bäume versammelt. In diesen Gesellschaften herrschen nachweislich um einige Grade höhere Temperaturen als in der unmittelbaren Umgebung.

Ähnlich: Die Art wird oft mit der Ritterwanze verwechselt, die aber ein ganz anderes Zeichnungsmuster und zudem voll entwickelte Flügel besitzt. Die viel seltenere zweite Art dieser Gattung, *Pyrrhocoris marginatus*, ist dagegen unscheinbar bräunlich gefärbt.

Ritterwanze *Lygaeus equestris*

FAMILIE BODENWANZEN

Merkmale: Körperlänge 10-12 mm; Vorderflügel voll entwickelt, horniger Teil rot mit schwarzer Querbinde, membranöser Teil in der Mitte mit weißem Punkt. VIII-VI.

Vorkommen: An warmen, sonnigen Stellen, z.B. auf Trockenrasen und an offenen Waldrändern; im südlichen D ziemlich häufig, nach N seltener.

Wissenswertes: Die Art saugt vorzugsweise an der Schwalbenwurz, aber auch an anderen Pflanzen.

Ähnlich: Die nahe verwandte Art *Tropidothorax leucopterus* trägt am Innenwinkel der Flügelmembran einen weißen Fleck. Sie lebt ebenfalls vorwiegend auf Schwalbenwurz, kommt in M.-EU aber nur an sehr warmen Stellen vor.

Fleckige Brutwanze *Elasmucha grisea*

FAMILIE STACHELWANZEN

Merkmale: Körperlänge 6-9 mm; Grundfärbung grünlich oder rötlich, oberseits mit schwarzer Punktierung. Ganzjährig.

Vorkommen: An Wald- und Wegrändern mit Birken überall häufig.

Wissenswertes: Die F.B. legt im Juni ihr Eigelege an der Unterseite von Birkenblättern ab, setzt sich auf das Gelege (großes Bild) und verteidigt es mit heftigem Flügelschlagen gegenüber Angreifern. Nach dem Schlüpfen der Larven macht sich das Weibchen mit den Jungen auf die Wanderschaft

und führt sie zur Nahrungsquelle, den heranreifenden Birkenfrüchten (kl. Bild). Die Jungen bleiben auch nach dem Tod der Mutter beieinander und zerstreuen sich erst im Spätsommer, wenn sie ausgewachsen sind (⇨ auch S. 50/51).

Streifenwanze *Graphosoma lineatum*

FAMILIE SCHILDWANZEN

Merkmale: Körperlänge 8-12 mm; Oberseite rot-schwarz längsgestreift, Seitenrand des Hinterleibs rot-schwarz gefleckt. VIII-VI.

Vorkommen: Auf Wiesen und Trockenrasen im S von M.-EU ziemlich häufig, seit einigen Jahren sich auch im nördlichen D ausbreitend.

Wissenswertes: Die S. saugt an verschiedenen Doldengewächsen und ist nicht selten in größerer Zahl auf deren Schirmblüten zu finden. Das bei den meisten Wanzen kleine, dreieckige Schildchen an der Flügelbasis ist bei dieser Art stark vergrößert und bedeckt fast den ganzen Hinterleib.

Ähnlich: Bei der nur im Mittelmeerraum lebenden **Fleckigen Streifenwanze** *Graphosoma semipunctatum* ist das Halsschild gepunktet.

Grüne Stinkwanze *Palomena prasina*

FAMILIE SCHILDWANZEN

Merkmale: Körperlänge 12-14 mm; ganz grün gefärbt, ohne deutliche Zeichnungen. VIII-VI.

Vorkommen: An Waldrändern und in offenem Gelände, auch in Gärten überall häufig.

Wissenswertes: Die G.S. wird vor der Überwinterung oft braun, im Frühjahr dann aber wieder grün. Sie lebt vorzugsweise auf Bäumen und Sträuchern und saugt z.B. an Beerenfrüchten. Durch ihre Saugtätigkeit nehmen diesen den charakteristischen »Wanzengeschmack« an. Er wird durch ein Wehrsekret hervorgerufen, das die Tiere auch zur Abwehr von Fressfeinden aus Drüsenöffnungen an den Seiten der Hinterbrust abscheiden.
Im Frühsommer werden die ebenfalls grün gefärbten Eier in dichten Eispiegeln an die Unterseite von Blättern

geklebt. Kurz vor dem Schlüpfen der Larven schimmern deren leuchtend rote Augen bereits durch die Eideckel hindurch (kleines Bild).

Beerenwanze *Dolycoris baccarum*

FAMILIE SCHILDWANZEN

Merkmale: Körperlänge 10-14 mm; Körper und Beine behaart, horniger Flügelteil weinrot, Seitenränder des Hinterleibs hell-dunkel gefleckt. VIII-VI.

Vorkommen: An Waldrändern und in offenem Gelände überall häufig.

Wissenswertes: Die B. wird oft mit einem Käfer verwechselt, ist aber am Saugrüssel leicht als Wanze zu erkennen. Wie die Grüne Stinkwanze prägt sie Beerenfrüchten durch ihr Saugen einen widerlichen »Wanzengeschmack« auf.

Ähnlich: Die Schildwanzen der Gattung *Carpocoris* besitzen ein sehr ähnliches Zeichnungsmuster, sind aber breiter gebaut und weitgehend unbehaart. Die einzelnen Arten sind schwer zu unterscheiden.

Bergzikade *Cicadetta montana*

FAMILIE SINGZIKADEN

Merkmale: Körperlänge 23-28 mm; schwarzbraun mit gelbroten Segmenträndern, Flügel glasartig, in Ruhe dachförmig getragen. V-VI.

Vorkommen: Auf Trockenrasen und an sonnigen Waldrändern; nur im südlichen und mittleren D, ziemlich selten.

Wissenswertes: Das Männchen der B. erzeugt hochfrequente, jeweils abrupt endende Schwirrlaute, die von älteren Menschen in der Regel nicht mehr gehört werden können. Die Larve entwickelt sich mehrjährig an Pflanzenwurzeln und besitzt kräftige Grabbeine. **RL, §!**

Europäischer Laternenträger *Dictyophara europaea*

LATERNENTR.

Merkmale: Körperlänge 9-13 mm; Färbung meist hellgrün, seltener rötlich, Kopf nach vorn zipfelartig verlängert. VII-IX.

Vorkommen: An warmen, offenen Stellen, vor allem auf Trockenrasen; im südlichen D ziemlich selten, im Mittelmeerraum häufiger.

Wissenswertes: Die Familie der Laternenträger ist vor allem in den Tropen mit zahlreichen Arten vertreten, die z.T. riesige laternenartige Kopfauswüchse besitzen. Die heimische Art sitzt zumeist auf niedrigen Kräutern und ist hier nicht leicht zu entdecken. **RL**

Dornzikade *Centrotus cornutus*

FAMILIE BUCKELZIRPEN

Merkmale: Körperlänge 7-9 mm; Halsschild mit bis fast zur Hinterleibsspitze reichendem, gewelltem Fortsatz und 2 seitlichen Dornen. V-VIII.

Vorkommen: An etwas feuchten Wald- und Wegrändern im Allgemeinen nicht selten.

Wissenswertes: Die D. sitzt meist an den Stängeln von Disteln, Ampfer und anderen krautigen Pflanzen. Hier ist sie durch ihre ungewöhnliche Form hervorragend getarnt. Die grünen, ziemlich langgestreckten Larven werden eifrig von Ameisen besucht, die sie mit ihren Fühlern betasten und auf dieses Signal hin zuckerhaltige Ausscheidungen von den Larven erhalten.

Blutzikade *Cercopis vulnerata*

FAMILIE SCHAUMZIKADEN

Merkmale: Körperlänge 9-11 mm; Flügel schwarz mit 3 roten Binden, die äußere parallel zum Flügelrand. V-VIII.

Vorkommen: Auf Wiesen und an etwas feuchten Wegrändern im südlichen und mittleren D häufig, nach N seltener.

Wissenswertes: Die Larven saugen unterirdisch an Pflanzenwurzeln; man findet sie gelegentlich beim Umdrehen von Steinen. Ein Großteil des beim Saugen aufgenommenen Pflanzensafts wird als Wasser wieder ausgeschieden, das durch Proteine entspannt und durch Einblasen von Luft aufgeschäumt wird. Dieser Schaum umgibt die Larven.

Wiesenschaumzikade *Philaenus spumarius*

FAM. SCHAUMZIKADEN

Merkmale: Körperlänge 5-7 mm; sehr variabel gefärbt und gezeichnet, neben nahezu einfarbigen Tieren treten auch solche mit unterschiedlichsten Zeichnungsmustern auf. VII-X.

Vorkommen: Auf etwas feuchten Wiesen überall sehr häufig.

Wissenswertes: Die Larven umgeben sich wie die der Blutzikade mit einem feuchten Schaumgebilde, das im Volksmund allgemein als »Kuckucksspeichel« bekannt ist. Sie leben oberirdisch an den Stängeln meist krautiger Pflanzen (z.B. am Wiesenschaumkraut, das nach dieser Zikadenlarve benannt ist). In ihrem Schaumnest sind sie weitgehend vor Räubern geschützt.

Grüne Zwergzikade *Cicadella viridis*

FAMILIE ZWERGZIKADEN

Merkmale: Körperlänge 6-9 mm; ♀ (Bild) oberseits ganz grün, ♂ meist mit blauen Flügeln. VI-X.

Vorkommen: Auf Feuchtwiesen, an feuchten Wegrändern und an anderen Orten mit Sauergräsern überall häufig.

Wissenswertes: Die G.Z. überwintert als Ei. Die gelblich weißen, mit dunklen Längsbinden gezeichneten Larven sind im Frühjahr sehr zahlreich an Gräsern zu beobachten. Die ersten ausgewachsenen Tiere erscheinen dann mit dem Beginn des Sommers. Meist bringen sie noch im gleichen Jahr eine weitere Generation hervor, die dann noch vor Eintritt der kalten Jahreszeit wieder zur Eiablage schreitet.

Holunderblattlaus *Aphis sambuci*
UNTERORDNUNG BLATTLÄUSE

Merkmale: Körperlänge 2-3 mm; kugelig, Grundfärbung olivgrün oder blaugrau, auf dem Rücken Querstreifen weißer Wachsausscheidungen. V-IX.
Vorkommen: Am Schwarzen Holunder häufig.
Wissenswertes: Aus den überwinternden Eiern schlüpfen Stammmütter, die durch Jungfernzeugung zahlreiche Nachkommen hervorbringen, sodass schon bald an Zweigen und Blattunterseiten der Wirtspflanze dichte Kolonien entstehen. Im Sommer wechseln einzelne Exemplare zu Nelkengewächsen oder Ampfer und bringen dort weitere Nachkommen hervor.

Erlenblattfloh *Psylla alni*
UNTERORDNUNG BLATTFLÖHE

Merkmale: Körperlänge 3-5 mm; hellgrün mit glasartigen, dachförmig getragenen Flügeln. VI-X.
Vorkommen: An Waldrändern mit Erlen überall häufig.
Wissenswertes: Der E. überwintert als Ei. Die blattlausähnlichen Larven saugen im Frühjahr in dichten Scharen an Erlenzweigen. Sie scheiden gekräuselte, weiße Wachsfäden ab, die ihnen das Aussehen kleiner Wollknäuel verleihen, sodass die Tiere selbst nicht mehr zu erkennen sind. Die fertigen Blattflöhe besitzen ein gut entwickeltes Sprungvermögen (Name!); sie können außerdem recht gut fliegen.

Zitrusschildlaus *Pericerya purchasi*
UNTERORDNUNG SCHILDLÄUSE

Merkmale: Körperlänge 5-8 mm; Körper schildförmig, orangefarben, teilweise mit Wachsflocken bedeckt. Ganzjährig.
Vorkommen: Im Mittelmeergebiet ziemlich häufig, in D fehlend.
Wissenswertes: Die Eier werden in einem von weißen Wachsstäben umhüllten Brutsack abgelegt (Bild). Die ursprünglich in Australien heimische Art richtete in verschiedenen Ländern, in die sie eingeschleppt wurde, z.B. in Kalifornien, an Zitruspflanzen schwere Schäden an. Erst nachdem man auch einen speziellen Marienkäfer aus ihrer Heimat eingeführt hatte, ließ sich ihre Vermehrung erfolgreich eindämmen.

Große Distelblattlaus *Uroleucon jaceae aeneus*
U.ORD. BLATTLÄUSE

Merkmale: Körperlänge 4-5 mm; dunkelbraun mit Metallglanz, am Hinterende mit 2 langen, stabförmigen Röhren (Siphonen). V-IX.
Vorkommen: An Disteln überall häufig.
Wissenswertes: Die Tiere saugen kopfunter in dichten Kolonien an den Stängeln ihrer Wirtspflanzen. Im Sommer kommen ständig bereits fertig entwickelte Nachkommen zur Welt (Bild). Bei Angriffen durch räuberische Insekten wird an den Siphonen ein klebriges Abwehrsekret abgeschieden. Spezielle Blattlausfresser wie z.B. Marienkäfer lassen sich dadurch aber nicht abschrecken.

Weiße Fliege *Trialeurodes vaporariorum*
U.ORD. MOTTENSCHILDLÄUSE

Merkmale: Körperlänge 1-2 mm; gelblich, mit dachförmig getragenen, durch Wachsstaub weiß bepuderten Flügeln. Ganzjährig.
Vorkommen: In Gewächshäusern und Blumenfenstern häufig, im Sommer gelegentlich auch im Freien.
Wissenswertes: Die W.F. ist ein gefürchteter Schädling an Nutz- und Zierpflanzen, vor allem an Gurken und Tomaten. Das Weibchen legt seine Eier in einem geschlossenen Kreis ab, indem es sich bei der Eiablage immer ein kleines Stück weiter dreht, aber mit dem Saugrüssel in der Pflanze bleibt. Das letzte Larvenstadium ist unbeweglich und ähnelt einer Puppe.

Schmierlaus *Planococcus citri*
UNTERORDNUNG SCHILDLÄUSE

Merkmale: ♂ nur 1-1,5 mm lang, geflügelt, mit 2 langen Wachsfäden an der Hinterleibsspitze; ♀ 3-5 mm lang, flügellos, vor allem an den Körperseiten mit Wachsausscheidungen. Ganzjährig.
Vorkommen: In Wohnungen und Gewächshäusern an Nutz- und Zierpflanzen (besonders an Kakteen); häufig.
Wissenswertes: Die winzigen Männchen sind vor allem im zeitigen Frühjahr zu beobachten. Sie paaren sich mit den zu diesem Zeitpunkt noch gut beweglichen, jungen Weibchen (Bild). Diese werden später fast unbeweglich, scheiden große Mengen wolliger Wachsflocken ab und deponieren darin ihre Eier.

Rindenlaus *Loensia fasciata*

ORDNUNG STAUBLÄUSE

Merkmale: Körperlänge 3-4 mm; Flügel ziemlich breit, nahe der Spitze mit hufeisenförmiger, schwarzer Binde. V-VIII (X).

Vorkommen: An Waldrändern und in Gärten auf Laub- und Nadelbäumen meist nicht selten.

Wissenswertes: Die Staubläuse besitzen im Gegensatz zu fast allen übrigen Ordnungen der Schnabelkerfe noch beißende Mundwerkzeuge. Die hier vorgestellte Art ernährt sich vorzugsweise von Grünalgen, die auf Baumrinden wachsen, andere Arten auch von Schimmelpilzen. Das Weibchen legt seine Eier einzeln auf Baumrinde ab und tarnt sie mit einer Schutzschicht aus Rindenteilchen und ähnlichen Feinpartikeln, die mit einer aus der Hinterleibsspitze abgegebenen Kittsubstanz verklebt werden. Die im Sommer schlüpfenden Larven entwickeln sich teilweise bis zum Herbst zu Imagines, die dann noch vor Winterbeginn Eier ablegen und sterben, andere wiederum überwintern im Larvenstadium.

Fransenflügler *Parthenotrips dracenae*

ORDNUNG FRANSENFLÜGLER

Merkmale: Körperlänge 1-1,3 mm; Flügel sehr schmal, weiß mit 2 dunklen Querbinden, am Rand mit langen Haarfransen. Ganzjährig.

Vorkommen: In Wohnungen und Gewächshäusern an Nutz- und Zierpflanzen; ziemlich häufig.

Wissenswertes: Die Art gehört zusammen mit einigen z.T. recht ähnlichen Verwandten zu den gefürchteten Schädlingen an Nutzpflanzen. Oft führt die Saugtätigkeit zur Verkrüppelung der Pflanzen, in anderen Fällen werden durch Viren oder Bakterien verursachte Pflanzenkrankheiten übertragen. Bei schwülem Wetter schwärmen verschiedene Arten (bekannt als »Gewitterfliegen«), werden dabei aber vor allem mit dem Wind verdriftet und können, sobald sie an die Augenschleimhäute geraten, brennende Schmerzen hervorrufen. Die Entwicklung der Larven verläuft über 2 oder 3 Ruhestadien und erinnert damit an die vollständige Metamorphose der höheren Insektenordnungen.

Taubenfederling *Columbicula columbae*

U.O. HAARLINGE UND FEDERLINGE

Merkmale: Körperlänge um 2 mm; Körperform stark abgeflacht und ausgesprochen schmal, Kopf viel länger als breit, Fühler etwa in der Kopfmitte, nach hinten gerichtet. Ganzjährig.

Vorkommen: Im Federkleid von Tauben; häufig.

Wissenswertes: Die Haarlinge und Federlinge bilden zusammen mit den Echten Läusen die Ordnung der Tierläuse. Im Gegensatz zu den Echten Läusen besitzen sie meist noch kauende Mundwerkzeuge. Sie ernähren sich vom Horn der Haare bzw. Federn ihrer Wirte, daneben auch von Hautschuppen oder aus Wunden austretendem Blut. Sie sind völlig auf ihren jeweiligen Wirt angewiesen und können ohne ihn nur wenige Tage überleben.

Ähnlich: Der ebenfalls auf Tauben lebende Federling *Campanulotes bidentatus compar* besitzt einen breiteren Körperbau.

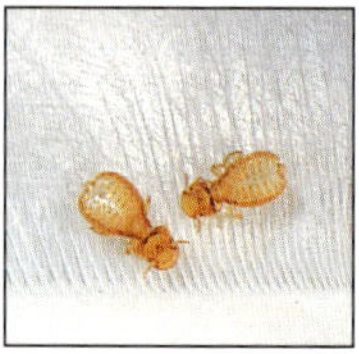

Kopflaus *Pediculus capitis*

UNTERORDNUNG ECHTE LÄUSE

Merkmale: Körperlänge 2,5-3 mm; Körper stark abgeflacht, nach vorn deutlich verschmälert, Beine mit typischen Klammerfüßen. Ganzjährig.

Vorkommen: Ausschließlich in der Kopfbehaarung des Menschen; deutlich seltener als früher, doch – möglicherweise durch Ferntourismus und veränderte Haarmode – immer wieder invasionsartig auftretend.

Wissenswertes: Die K. besitzt an jedem Bein nur eine Kralle, die klappmesserartig gegen das letzte Fußglied eingeschlagen wird. Hierdurch kann sich die Laus sehr effektiv an den Haaren festklammern. Sie ernährt sich ausschließlich vom Menschenblut, das sie mit ihren stechenden Mundwerkzeugen aufnimmt. Die Eier (»Nissen«, kleines Foto) werden mit einer Kittsubstanz an den Haaren befestigt. Schon 2 Wochen nach der Eiablage sind die Nachkommen ausgewachsen.

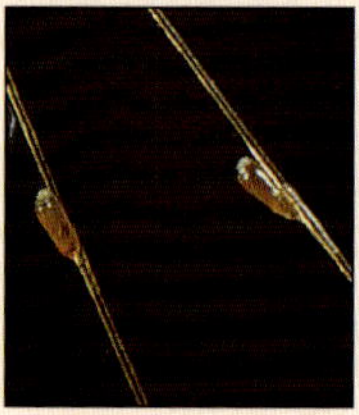

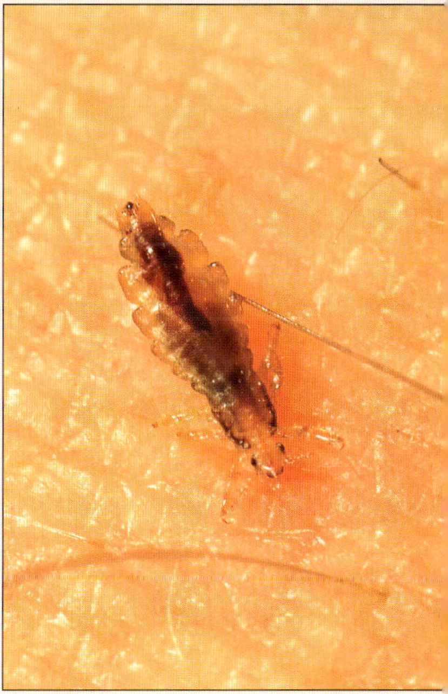

Netzflügler, Köcherfliegen u.a.

Mit den Netzflüglern, Köcherfliegen und einigen weiteren Gruppen werden in diesem Kapitel eine Reihe verhältnismäßig artenarmer Insektenordnungen vorgestellt, die nicht direkt miteinander verwandt sind. Während erstere gemeinsam mit den Kamelhalsfliegen und Schlammfliegen als die ursprünglichsten Insekten mit vollständiger Metamorphose gelten, zählen die Köcherfliegen als Vorfahren der Schmetterlinge und die Schnabelfliegen als Schwestergruppe der Zweiflügler zu den höchstentwickelten Insektenordnungen. Die Flöhe und Fächerflügler hingegen lassen sich nur schwer im Stammbaum der Insekten unterbringen; ihnen wird als »Ordnungen unsicherer Stellung« ein Sonderstatus im System gewährt. Viele Vertreter dieser allgemein wenig beachteten Insektengruppen zeichnen sich durch eine spektakuläre Lebensweise aus, z.B. der Ameisenlöwe mit seinem raffinierten Fangtrichter, der Schneefloh, der mitten im Winter aktiv ist, oder die Fächerflügler mit ihren zu unbeweglichen Tönnchen degenerierten, zeitlebens in einem anderen Insekt verbleibenden Weibchen. Auch so attraktive Tiere wie die Schmetterlingshafte zählen hierzu.

Libellen-Schmetterlingshaft

Gewöhnliche Ameisenjungfer *Myrmeleon formicarius* AMEISENJUNG.

Merkmale: Mit einer Flügelspannweite von 70-80 mm auffallend großes, an eine Libelle erinnerndes Insekt, anders als diese aber mit deutlich sichtbaren, am Ende keulig verdickten Fühlern. Flugzeit V-VIII.

Vorkommen: Vor allem an sonnigen Wegrändern sowie auf Heiden und Trockenrasen, auch im Siedlungsbereich; nicht häufig.

Wissenswertes: Viel leichter als die ausgewachsene Ameisenjungfer findet man ihre Larve, den »Ameisenlöwen« (rechtes großes Bild). Er ist kurz und breit gebaut und trägt am Kopf stark bezahnte, dolchförmige Saugzangen. Vorzugsweise lebt er auf lockersandigen oder aus lockerem Gesteinsgrus zusammengesetzten, besonnten Flächen, die vor Regen geschützt sind, etwa unter dem Trauf von Hausdächern oder an überhängenden Wegböschungen. Im lockeren Erdreich stellt er einen Trichter her, indem er mit dem Kopf ständig Sand nach draußen wirft, während er sich rückwärts in einer enger werdenden Spirale immer tiefer eingräbt. (Foto oben). An der so entstandenen Trichterböschung kommen Ameisen und anderen Bodentiere leicht ins Rutschen. Am Trichtergrund werden sie mit den Zangen ergriffen und ausgesaugt. Der Ameisenlöwe unterstützt das Abrutschen der Beutetiere, indem er von unten noch weitere Sandfontänen emporschleudert. Im Frühjahr verpuppt er sich in einem kugeligen, außen ganz mit Sand umgebenen Kokon. Die vorwiegend dämmerungsaktive Imago ist am ehesten in der Nähe ihrer Larven zu finden. Sie ernährt sich von anderen kleinen Insekten, z.B. von Blattläusen. **RL, §!**

Gefleckte Ameisenjungfer
Euroleon nostras F. AMEISENJUNGFERN

Merkmale: Flügelspannweite 50-66 mm; Flügel dunkel gefleckt, sonst ähnlich der Gewöhnlichen Ameisenjungfer. Flugzeit VI-IX.

Vorkommen: An ähnlichen Orten wie die andere Art, doch fast nur in Sandgebieten, überwiegend im norddeutschen Flachland; nicht häufig.

Wissenswertes: Während die Larventrichter der Gewöhnlichen Ameisenjungfer gelegentlich auch auf Flächen ohne Regenschutz liegen, etwa in feingrusigen Bereichen von Felsschutthalden oder in lockeren Kiefernwäldern, siedelt die Gefleckte A. stets an gut geschützten Stellen. In Norddeutschland findet man z.B. nicht selten Hunderte von Trichtern dicht nebeneinander unter überhängenden Kanten von Sandgruben. Fährt man an solchen Stellen mit der Hand durch den lockeren Sand, findet man stets auch in großer Zahl die kugeligen Puppenkokons (kleines Bild). **RL, §!**

Blattlauslöwe *Drepanepteryx phalaenoides* FAMILIE BLATTLAUSLÖWEN

Merkmale: Flügelspannweite 22-32 mm; Flügel nach Art eines vertrockneten Blatts gemustert, vor der Spitze mit bogenförmigem, gezähntem Ausschnitt. Ganzjährig.

Vorkommen: An Wald- und Wegrändern, auch im Siedlungsbereich allgemein verbreitet und meist nicht selten.

Wissenswertes: Dieser dämmerungs- und nachtaktive Netzflügler lebt vorzugsweise auf Laubbäumen und Sträuchern, wird leicht durch künstliches Licht angelockt und kann daher oft an erleuchteten Fenstern beobachtet werden. Er imitiert durch Form, Färbung und Zeichnung seiner Flügel in perfekter Weise ein dürres Blatt. In der Ruhehaltung zieht er außerdem Kopf und Vorderbrust nach unten ein, sodass dieser Eindruck noch verstärkt wird (kleines Bild). Die Larve betätigt sich ebenso wie die Imago als eifriger Blattlausvertilger.

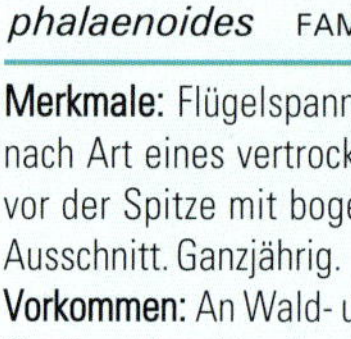

Gewöhnliche Florfliege *Chrysoperla carnea*

FAMILIE FLORFLIEGEN

Merkmale: Flügelspannweite 15-30 mm; meist hellgrün mit dicht geäderten, in Ruhe dachförmig getragenen Flügeln, Augen kugelig, in allen Regenbogenfarben schillernd. Ganzjährig.

Vorkommen: An Waldrändern, in Gärten und offenem Gelände überall sehr häufig.

Wissenswertes: Die G.F. galt bis vor wenigen Jahren als verhältnismäßig leicht erkennbare Art dieser Familie. Nach Merkmalen des Flügelgeäders lässt sie sich ohne weiteres von den ansonsten ähnlichen Arten der Gattung *Chrysopa* unterscheiden. Doch dann wurde entdeckt, dass die Männchen vor der Paarung mit Trommelsignalen um ihre Partnerinnen werben und sich dabei mehrerer deutlich verschiedener »Dialekte« bedienen. Die verschiedenen »Dialekte« entsprechen ganz offensichtlich jeweils eigenen Arten, was sich z. T. inzwischen auch durch andere Merkmale untermauern ließ. Mittlerweile ist sicher, dass in Deutschland neben der »echten« *C. carnea* noch mindestens 2 weitere *Chrysoperla*-Arten vorkommen, deren Unterscheidung aber bislang noch Probleme bereitet. Die G.F. – nach alter Artauffassung – bringt im Jahr meist mehrere Generationen hervor. Die Herbsttiere wandern zur Überwinterung oft in Gebäude ein und färben sich nach Braun um (rechtes Foto); im Frühjahr werden sie dann wieder grün. Nach der Paarung legt das Weibchen in der Nähe von Blattlauskolonien seine lang gestielten Eier an Pflanzenstängeln ab (kleines Bild). Die mit Saugzangen ausgerüsteten Larven ernähren sich fast ausschließlich von Blattläusen und erweisen sich damit für den Gärtner als ausgesprochen nützlich. Sie werden auch zur biologischen Blattlausbekämpfung eingesetzt. Die Imagines leben dagegen vorwiegend vom Honigtau, also den zuckerhaltigen Ausscheidungen der Blattläuse.

Steirischer Fanghaft *Mantispa styriaca*

FAMILIE FANGHAFTE

Merkmale: Flügelspannweite 15-35 mm; Färbung hellbraun, Vorderbrust stark verlängert, Vorderbeine zu stark bedornten Fangbeinen entwickelt. Flugzeit VI-IX.

Vorkommen: An sehr warmen, gebüschreichen Orten, z.B. am Rand lockerer Wälder; in M.-EU ausschließlich in Wärmegebieten (z.B. im Elsass und in der Steiermark), in D offenbar bereits ausgestorben.

Wissenswertes: Der S.F. stellt eine höchst bemerkenswerte Parallele zur Gottesanbeterin (⇨S.36) dar und zeigt damit in eindrucksvoller Weise, wie die Evolution in Anpassung an die Ernährungsweise bei zwei überhaupt nicht miteinander verwandten Insektengruppen ein nahezu identisches Aussehen zustande gebracht hat, ein klassisches Beispiel für die so genannte Konvergenz, d.h. die Übereinstimmung im Erscheinungsbild zweier nicht miteinander verwandter Organismen bei Einwirkung gleicher Umweltbedingungen oder gleicher Lebensweise. Der S.F. ist aber im Gegensatz zur Gottesanbeterin überwiegend dämmerungsaktiv und fliegt nicht selten Lichtquellen an. Tagsüber hält er sich meist an der Unterseite von Blättern (gern an Eichen) verborgen. Er ernährt sich vorzugsweise von kleinen Fliegen und anderen Fluginsekten, die er blitzschnell mit seinen Fangbeinen ergreift (kleines Bild). In der Ruhelage kann er seine Fangwerkzeuge weiter zurückschlagen als die Gottesanbeterin; sein Aktionskreis ist somit größer.

Das Weibchen legt im Sommer mehrere tausend kurz gestielte Eier meist an Baumstämmen ab. Im ersten Larvenstadium nehmen die Tiere keine Nahrung auf und überwintern. Im Frühjahr dringt jedes in den Kokon einer Wolfspinne ein, verwandelt sich dort in ein madenartiges Stadium und verzehrt die Spinneneier. Später verpuppt sich die Insektenlarve im Spinnenkokon und verlässt ihn schließlich als fertiges Insekt. Die offensichtlich sehr verlustreiche parasitische Lebensweise erklärt die ungewöhnlich hohe Eizahl. **RL! §!**

Libellen-Schmetterlingshaft *Libelloides coccajus*

Merkmale: Flügelspannweite 42-55 mm; Flügel ziemlich breit, mit flächig gelb (seltener weiß) und schwarz gezeichneten Flügeln, Fühler etwa körperlang. Flugzeit V-VII.

Vorkommen: An warmen, grasigen oder steinig-felsigen Stellen; nur im südlichen D (z.B. Kaiserstuhl, Schwäbische und Fränkische Alb); selten, im Mittelmeergebiet und in den Südalpen häufiger.

Wissenswertes: Dieser prächtige Netzflügler erinnert bei flüchtiger Betrachtung an einen Schmetterling, von dem er sich aber u.a. durch die netzförmig geaderten, unbeschuppten Flügel klar unterscheidet. Das nur bei warmem, sonnigem Wetter aktive Tier besitzt einen sehr leicht wirkenden, schwirrenden Flug und entfernt sich bei der geringsten Störung. Es setzt sich gern dicht über dem Boden an Grashalmen ab und lässt seine weit geöffneten Flügel von der Sonne bescheinen. Sobald die Sonne aber verschwindet, klappt es die Flügel dachförmig übereinander. Zur Paarung ergreift das Männchen in der Luft ein Weibchen mit seinen langen Hinterleibszangen. Anschließend setzt sich das Paar in Bodennähe ab. Die länglichen Eier werden in 2 Reihen dachziegelartig übereinander an Pflanzenstängel geklebt. Die Larve ähnelt einem Ameisenlöwen (⇨S.70), trägt aber an den Seiten der Hinterleibsringe nach außen gerichtete Höcker. Sie kann im Gegensatz zu diesem auch vorwärts laufen und verbirgt sich im Geröll oder unter Steinen. Vor dort aus macht sie Jagd auf am Boden lebende Insekten. **RL, §!**

Ähnlich: Der noch seltenere **Langfühlerige Schmetterlingshaft** *Libelloides longicornis* ist ausgedehnter gelb und auf den Hinterflügeln mit einer schwarzen Mondsichel gezeichnet. Er kommt in D am Kaiserstuhl und im Maintal vor und fliegt etwas später im Jahr. **RL! §!**

Bachhaft *Osmylus fulvicephalus*

FAMILIE BACHHAFTE

Merkmale: Flügelspannweite 40-52 mm; Flügel relativ breit, schwarz und weiß gefleckt, Kopf leuchtend rot. Flugzeit V-VII.

Vorkommen: An Bachufern, vor allem an schattigen Stellen; nicht häufig.

Wissenswertes: Der B. ist vorwiegend dämmerungsaktiv. Das Männchen klammert sich zur Paarungszeit dicht neben dem Wasser an der Unterseite eines Blatts fest, krümmt den Hinterleib etwas ein und lässt kurz vor dessen Spitze zwei schlauchförmige Drüsen austreten (Bild). Diesen entströmt ein Duft, der das Weibchen anlockt. Die Eier werden nach der Paarung an Uferpflanzen abgelegt. Die schmale Larve lebt außerhalb des Wassers unter Steinen. Zur Nahrungssuche steigt sie ins Wasser, sticht mit ihren stabförmigen Saugzangen weichhäutige Insektenlarven an und zieht sie zum Aussaugen ans Ufer (kl. Bild).

Schwammfliege *Sisyra fuscata*

FAMILIE SCHWAMMFLIEGEN

Merkmale: Flügelspannweite 10-12 mm; düster gefärbt, Flügel dunkel getönt, mit deutlich hervortretenden Längsadern. Flugzeit V-IX.

Vorkommen: Am Ufer stehender und langsam fließender Gewässer mit Vorkommen von Süßwasserschwämmen; nicht häufig, doch an den Fundorten oft in größerer Zahl.

Wissenswertes: Dieser kleine, dämmerungsaktive Netzflügler ist nicht leicht zu entdecken. Tagsüber hält er sich meist an der Unterseite von Blättern verborgen. Viel leichter findet man die grünlich oder gelblich gefärbte Larve (kleines Bild). Sie ist regelmäßig im Spätsommer auf den Krusten von Süßwasserschwämmen zu entdecken, oft zu mehreren auf dem gleichen Schwamm. Zur Nahrungsaufnahme stößt sie ihre gerade vorgestreckten, haardünnen Saugzangen in den Schwamm, der dabei aber nicht nennenswert geschädigt wird.

Kamelhalsfliege *Raphidia sp.*

ORDNUNG KAMELHALSFLIEGEN

Merkmale: Flügelspannweite 10-40 mm; Kopf lang und schmal, mit weit vorn liegenden Augen, Vorderbrust halsartig verlängert, sehr beweglich an der übrigen Brust eingelenkt. IV-VIII.
Etwa 15 nur äußerst schwer unterscheidbare heimische Arten, die neuerdings auf 9 verschiedene Gattungen verteilt werden, basierend vor allem auf Unterschieden im Flügelgeäder.

Vorkommen: An Waldrändern und in Gärten im Allgemeinen nicht selten.

Wissenswertes: Die tagaktiven Imagines halten sich mit Vorliebe auf Bäumen und Sträuchern auf; manche Arten bevorzugen dabei Laubbäume, andere findet man ausschließlich auf Nadelhölzern. Sie ernähren sich von kleineren Insekten, vorzugsweise von Blatt- und Schildläusen, die sie mit den Mandibeln ergreifen und dann von der Unterlage »abpflücken«. Die Weibchen besitzen einen langen, biegsamen Legebohrer, mit dem sie ihre Eier in Rindenritzen hineinschieben. Die langgestreckten, deutlich abgeflachten Larven der

meisten Arten (oberes kleines Foto) leben unter Baumrinde und jagen dort nach anderen Insekten, etwa nach Borkenkäfern und deren Larven. Manche findet man auch am Boden unter Sträuchern. Die Larvenentwicklung dauert meist 2-3 Jahre. Vor der letzten Überwinterung richtet sich die Larve unter Rinde oder am Boden einen Hohlraum her, in dem sie sich im folgenden Frühjahr verpuppt. Die Puppe (kl. Foto unten) ruht zunächst, wird aber kurz vor der Häutung zum ausgewachsenen Insekt

sehr mobil, verlässt die Puppenhöhle und sucht sich am Baumstamm einen Häutungsplatz, wo sie sich festkrallt, bis die Imago schließlich die Puppenhülle verlässt.

Schlammfliege *Sialis sp.*

ORDNUNG SCHLAMMFLIEGEN

Merkmale: Flügelspannweite 23-35 mm; schwärzlich mit dunkelbraun getönten, dachförmig getragenen Flügeln, diese mit deutlich hervortretendem, schwarzem Adernetz. Flugzeit V-VIII. 3 schwer unterscheidbare heimische Arten.

Vorkommen: An stehenden und langsam fließenden Gewässern (*Sialis fuliginosa*) bzw. an sauberen Fließgewässern (*Sialis lutaria*) ziemlich häufig.

Wissenswertes: Die ausgewachsene Schlammfliege nimmt offenbar kaum Nahrung auf (wurde

aber schon auf Blüten beobachtet). Die mit langen, fadenförmigen Tracheenkiemen an den Hinterleibsseiten ausgestattete Larve (kleines Bild) entwickelt sich im schlammigen Gewässergrund und ernährt sich räuberisch von anderen Wasserinsekten. Sie verpuppt sich am Ufer in einer Erdhöhle.

Vogelfloh *Ceratophyllus sp.*

ORDNUNG FLÖHE

Merkmale: Körperlänge 2-3 mm; Färbung dunkelbraun, Körper seitlich stark abgeplattet, Hinterrand des 1. Brustsegments mit einer kammartigen Querreihe schwarzer Dorne. Ganzjährig. Mehrere schwer unterscheidbare Arten.

Vorkommen: Auf verschiedenen Vogelarten (z.B. Singvögeln und Haushühnern), auch nach der Brutzeit in alten Vogelnestern. Auf anderen Warmblütern weitere Flohgattungen.

Wissenswertes: Flöhe ernähren sich ähnlich wie Läuse ausschließlich vom Blut ihrer Wirtstiere, sind aber im Gegensatz zu letzteren weniger an ihren eigentlichen Wirt gebunden. So saugen Vogelflöhe bei entsprechendem Hunger durchaus auch an Menschen, können sich dort aber nicht

auf Dauer halten. Die langgestreckten, fußlosen Larven (kleines Bild) entwickeln sich in den Nestern der Wirtstiere und leben von Abfallstoffen.

Skorpionsfliege *Panorpa communis*

ORDNUNG SCHNABELFLIEGEN

Merkmale: Flügelspannweite 25-30 mm; Kopf schnabelartig nach unten verlängert, mit beißenden Mundwerkzeugen; letzte Hinterleibsringe beim ♂ (Bild) nach oben gebogen, am Ende mit einer Greifzange, die an einen Skorpionsstachel erinnert, beim ♀ in eine spitze Legeröhre auslaufend. Flugzeit V-VIII.
Vorkommen: An Wald- und Wegrändern fast überall häufig.
Wissenswertes: Die S. ernährt sich u.a. von toten Insekten und den zuckerhaltigen Ausscheidungen der Blattläuse. Oft frisst sie auch an in Spinnennetzen gefangenen Beutetieren, ohne dabei von der Spinne angegriffen zu werden. Zur Paarung packt das Männchen mit seiner Hinterleibszange ein Weibchen und setzt dann, gleichsam als »Bonbon«, einen in den Speicheldrüsen produzierten, zuckerhaltigen Tropfen ab, der vom Weibchen gefressen wird. Die raupenähnlichen Larven entwickeln sich im Erdreich.

Schneefloh *Boreus westwoodi*

ORDNUNG SCHNABELFLIEGEN

Merkmale: Körperlänge um 3,5 mm; Färbung dunkel grünmetallisch, Kopf in einen gelbbraunen Schnabel verlängert, Flügel stark rückgebildet. X-III.
Vorkommen: An Waldrändern und in offenem Gelände auf der Erdoberfläche oder im Schnee; im Bergland meist nicht selten.
Wissenswertes: Der S. gehört zu den wenigen Insekten, die nur im Winterhalbjahr zu finden sind und auch bei Temperaturen nahe dem Nullpunkt mobil bleiben. An milden Wintertagen kann man ihn regelmäßig auf der Schneeoberfläche entdecken. Er ernährt sich offenbar vor allem von Moosen. Zur Paarung ergreift das Männchen mit seinen hakenförmigen Flügelstummeln ein Weibchen und befördert es auf seinen Rücken. Später legt dieses die Eier mit dem Legebohrer in den Erdboden.

Mückenhaft *Bittacus italicus*

ORDNUNG SCHNABELFLIEGEN

Merkmale: Flügelspannweite 35-40 mm; sehr an eine Kohlschnake (⇨S.140) erinnernd, jedoch mit 2 Flügelpaaren, außerdem Körperfärbung mehr orange. Flugzeit VII-IX.
Vorkommen: An warmen, feuchten Stellen im Halbschatten, vor allem in Auwäldern; in M.-EU sehr selten (z.B. am Oberrhein und im österreichischen Donautal), im Mittelmeergebiet häufiger.
Wissenswertes: Der dämmerungsaktive M. hängt sich mit seinen zu einer Schlinge zusammenrollbaren Vorderfüßen an Grashalmen oder Pflanzenstängeln auf und lässt die Hinterbeine frei herunterbaumeln. Sobald eine Fliege oder ein anderes Fluginsekt vorbeifliegt, wird es blitzschnell mit den Hinterbeinen ergriffen, mit den stark verlängerten Fußklauen eingeklemmt, zum Mund geführt und in dieser hängend-baumelnden Körperhaltung verzehrt.

Fächerflügler *Stylops sp.*

ORDNUNG FÄCHERFLÜGLER

Merkmale: ♂ (oberes Bild) mit 6-10 mm Flügelspannweite, Hinterflügel fächerförmig ausgebreitet, Vorderflügel zu kleinen Kolben rückgebildet; ♀ (unteres Bild) 4-7 mm lang, zu einem weitgehend unbeweglichen Tönnchen reduziert. Flugzeit (♂) II-IV.
Vorkommen: In den Nestkolonien von Sandbienen; gebietsweise nicht selten.
Wissenswertes: Der F. entwickelt sich als Larve in der Made einer Sandbiene der Gattung *Andrena* (⇨S.182) und verpuppt sich im Hinterleib der fertigen Biene in einem Tönnchen. Von diesem ragt ein rundlicher, schuppenförmiger Zipfel zwischen den Segmenten hervor. Während sich das Männchen zu einem geflügelten Insekt häutet, bleibt das Weibchen in diesem Stadium. Das sehr kurzlebige Männchen paart sich auf einer Biene mit einem Weibchen. Dieses produziert zahlreiche Eier und stirbt. Die winzigen Erstlarven verlassen das Wirtstier, gehen auf eine Blüte über und lassen sich von einer anderen Biene ins Nest tragen, wo der Entwicklungszyklus von neuem beginnt.

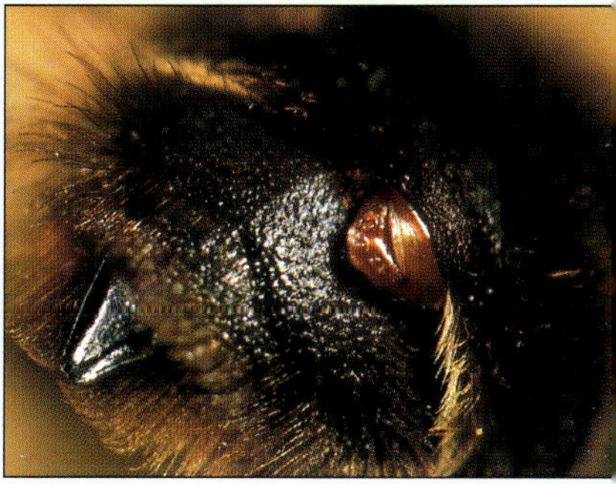

Gelbfühlerige Köcherfliege *Limnephilus flavicornis* O. KÖCHERFLIEGEN

Merkmale: Flügelspannweite 26-37 mm; ähnlich einem Nachtfalter, doch mit behaarten, nicht beschuppten Flügeln, Vorderflügel viel schmäler als die Hinterflügel, am Ende schräg abgestutzt, mit undeutlicher, feiner Fleckenzeichnung. Flugzeit V-X.
Vorkommen: Im Uferbereich pflanzenreicher Teiche und Tümpel; überall ziemlich häufig.
Wissenswertes: Das fertige Insekt ist vorwiegend dämmerungsaktiv, fliegt aber wenig. Da die Mundwerkzeuge wie bei allen Köcherfliegen reduziert sind, erfolgt keine Nahrungsaufnahme mehr. Die Eier werden in gallertigen Klumpen (Bild unten) unmittelbar am Ufer in der Vegetation abgelegt. Die Larve besitzt einen weichhäutigen, weißlichen Hinterleib mit zahlreichen feinen Kiemenfäden, den sie in einem Gespinstköcher verbirgt. Dieser Köcher wird außen mit Teilen der Umgebung maskiert. Je nach Angebot kann es sich dabei z.B. um Wasserlinsen (wie im rechten großen Bild), kleine Holzstücke oder Schneckenhäuser handeln. Nicht selten baut die Larve sogar lebende Wasserschnecken in ihren Köcher ein. Sie ernährt sich von Wasserpflanzen.

Ähnlich: Die ebenfalls häufige, nahe verwandte **Rautenköcherfliege** *Limnephilus rhombicus* besitzt die gleiche Form der Vorderflügel, trägt hier aber auf hell rotbraunem Grund einen rautenförmigen, weißlichen Fleck, der vorn und hinten etwas dunkler eingefasst ist. Ihre Larve baut einen ähnlich variablen Köcher.

Durchscheinende Köcherfliege *Glyphotaelius pellucidus* KÖCHERFL.

Merkmale: Flügelspannweite 28-38 mm; Flügel vor der Spitze schräg bogenförmig ausgeschnitten, gelbbraun mit größeren dunklen und weißlichen Flecken. Flugzeit V-VIII.
Vorkommen: In erster Linie am Ufer von Tümpeln, die in Wäldern liegen; im Allgemeinen nicht selten.
Wissenswertes: Diese recht markante Köcherfliege ist durch den charakteristischen Flügelausschnitt mit keiner anderen heimischen Art zu verwechseln. Auch ihre Larve (rechtes Bild) ist unverkennbar. Sie lebt vorzugsweise in Tümpeln, deren Bodengrund mit Falllaub bedeckt ist, und schneidet sich aus den Blättern kreisrunde oder ovale Stücke heraus. Aus diesen fertigt sie einen bis zu 6 cm langen, schildförmigen Köcher. Zwischen den Blattstücken befindet sich eine Gespinströhre, in der sie ihren Hinterkörper verbirgt, in die sie sich bei Gefahr aber auch vollständig zurückziehen kann. Die vordere Röhrenöffnung wird von einem Blattstück weit überragt, sodass der herausstehende Vorderkörper der Larve von oben nicht zu sehen ist. Kurz vor der Verpuppung spinnt die Larve ihren Köcher an einer Unterlage fest. Am Ende der Puppenruhe wird die Puppe beweglich, kriecht aus dem Köcher hervor und klettert an einem Pflanzenstängel aus dem Wasser heraus. Hier findet schließlich die Häutung zum fertigen Insekt statt.

Verwandt: Eine weitere ziemlich häufige und kaum verwechselbare Art ist die **Zottige Köcherfliege** *Chaetopteryx villosa.* Sie besitzt auffallend kurze und breite, sehr deutlich behaarte Flügel und tritt erst im Herbst und Winter auf. Nicht selten kann man sie noch im Dezember auf der Schneeoberfläche antreffen. Auch die Paarung findet oft auf Schnee statt. Ihr Lebensraum sind die Ufer turbulent fließender Bergbäche.

Maskenköcherfliege *Sericostoma personatum* ORD. KÖCHERFLIEGEN

Merkmale: Flügelspannweite 20-33 mm; schwarze Köcherfliege mit braunen Flügeln, ♂ mit verbreiterten Kiefertastern, die wie eine Maske wirken. Flugzeit VI-IX. (Imago nicht abgebildet.)
Vorkommen: An schnell fließenden, sandigen oder steinigen Bächen und Flüssen; ziemlich häufig.
Wissenswertes: Die Larve (Bild) baut sich einen leicht gebogenen, nach hinten konisch verschmälerten Köcher, der außen mit einer sehr gleichmäßigen Schicht feinster Sandkörnchen bedeckt ist.

Ähnlich: Die Köcher der Gattung *Potamophylax* sind außen mit einer unebenen Schicht deutlich gröberer Sandkörner bedeckt.

Borstige Köcherfliege *Goera pilosa* ORDNUNG KÖCHERFLIEGEN

Merkmale: Flügelspannweite 18-25 mm; dunkel- (♂) bzw. hellbraun (♀) gefärbte Köcherfliege mit einheitlich braunen Flügeln, schwer von anderen Arten zu unterscheiden. Flugzeit V-VII. (Imago nicht abgebildet.)
Vorkommen: An sauberen Flüssen und Bächen, auch am Ufer kiesiger Seen; im Allg. nicht selten.
Wissenswertes: Die Larve bedeckt ihren röhrenförmigen Köcher außen mit kleinen Steinchen und befestigt daran seitlich einzelne größere Steinchen, die von hinten nach vorn größer werden (Bild). Der ganze Köcher erhält dadurch eine sehr flache, nach vorn verbreiterte Form. Sein durch das Baumaterial bedingtes hohes Gewicht und die strömungsgünstige Form verringern für die Larve die Gefahr, durch Strömung oder Wellenschlag verdriftet zu werden.
Ähnlich: Die Larven der Gattung *Silo* bauen sehr ähnliche Köcher, deren Form aber nach vorn nicht verbreitert ist.

Zweifleckige Köcherfliege *Neureclipsis bimaculata* KÖCHERFLIEGEN

Merkmale: Flügelspannweite 12-21 mm; Flügel grau mit 2 weißgelben Flecken. Flugzeit VII-VIII. (Imago nicht abgebildet.)
Vorkommen: An langsam fließenden Gewässern mit einer gewissen organischen Drift, vorzugsweise unmittelbar an Ausflüssen aus Seen und Fischteichen; nicht häufig.
Wissenswertes: Die sehr schmale, weißliche Larve (kleines Bild unten) besitzt keine Kiemenfäden, sondern atmet über die Haut. Anstelle eines Köchers fertigt sie an Pflanzenstängeln oder zwischen Steinen ein bis zu 10 cm großes Netz mit trompetenförmiger Öffnung (großes Bild). Die Larve selbst hält sich im schmalen, umgebogenen Endstück des Netzes auf und lebt

von den kleinen Pflanzenstücken, verdrifteten Planktonorganismen und anderen Feinpartikeln, die sich durch die Strömung im Netztrichter verfangen.

Landköcherfliege *Enoicyla pusilla* ORDNUNG KÖCHERFLIEGEN

Merkmale: ♂ (nicht abgebildet) mit 11-15 mm Flügelspannweite, schwarz mit hellen Beinen und braunen Flügeln; ♀ (oberes Bild) 3-5 mm lang, mit winzigen Flügelstummeln. Flugzeit IX-X.
Vorkommen: Am Boden etwas feuchter Wälder, z.B. in Erlenbruchwäldern, auch im Uferbereich schattiger Bäche; im westlichen D gebietsweise ziemlich häufig, nach O seltener.
Wissenswertes: Die Art ist neben einer recht ähnlichen Verwandten die einzige landlebende Köcherfliege in M.-EU. Die Larve (unteres Bild) verkleidet ihren nach hinten verschmälerten, deutlich gebogenen Köcher mit Sandkörnchen. Sie lebt vorzugsweise an der Stammbasis von Laubbäumen und ernährt sich u.a. von Falllaub. Bei feuchtem Wetter kriecht sie auch an Baumstämmen empor. Nach einer sommerlichen Ruhepause findet im IX die Verpuppung statt. Das Weibchen legt im X die Eier in einem uhrglasartig gewölbten Gallerte-Scheibchen am Boden ab. Die noch vor Winterbeginn schlüpfenden Larven erreichen bereits im nächsten Frühjahr ihre Endgröße.

Käfer

Die Käfer sind mit weltweit etwa 400000 Arten die größte Insektenordnung, werden in Mitteleuropa allerdings von den Zweiflüglern und Hautflüglern in der Artenzahl noch übertroffen. Ihr Erfolgsrezept scheint in besonderen Merkmalen des Körperbaus – eine meist sehr feste, äußere Hülle sowie durch starke Flügeldecken geschütze Hautflügel – begründet. Käfer nutzen fast alle nur denkbaren Lebensräume, die verschiedenen Etagen eines Waldes ebenso wie Wüsten, Gebirge oder Gewässer, nur im offenen Meer wird man sie vergeblich suchen. Entsprechend vielseitig sind ihre körperlichen Anpassungen und verschiedenen Lebensweisen. Zu den besonders leistungsfähigen Spezialentwicklungen gehören z. B. die ungewöhnlichen Schwimmbeine der Taumelkäfer, die faszinierenden Laternen der Glühwürmchen, das Schreckschussorgan des Bombardierkäfers oder der Bohrrüssel des Haselnussbohrers. Kaum minder bewunderungswürdig ist aber auch die Fürsorge, die so manche Käfereltern ihren Nachkommen angedeihen lassen, wenn man etwa an die Fütterung der Larven bei den Aaskäfern oder an die ausgeklügelte Wickeltechnik des Birkenblattrollers denkt.

Hirschkäfer

Feld-Sandlaufkäfer *Cicindela campestris*

FAMILIE LAUFKÄFER

Merkmale: Körperlänge 10-18 mm; Oberseite leuchtend grün bis blaugrün, Flügeldecken am Rand und kurz hinter der Mitte mit kleinen, gelbweißen Flecken gezeichnet. Ganzjährig.

Vorkommen: An Wegrändern oder auf Trockenrasen; überall ziemlich häufig.

Wissenswertes: Im Gegensatz zu den meisten übrigen Sandlaufkäfer-Arten begnügt sich der F. mit sehr kleinen offenen Flächen. Dort findet man die wie ausgestanzt wirkenden, knapp bleistiftdicken Wohnröhren seiner Larven (kleines Bild). Diese besitzen einen abgeplatteten, halbkreisförmigen Kopf, der zusammen mit dem ebenso geformten Halsschild eine kreisrunde Einheit bildet, die die Röhrenmündung wie ein Deckel verschließt. Sobald ein kleineres Insekt, etwa eine Ameise, darüber läuft, wird sie mit den nach oben gerichteten Kiefern ergriffen und zum Verspeisen in die Röhre gezogen. Die Larven lassen sich bei der leichtesten Erschütterung, etwa durch Schritte, sofort in ihrer Röhre nach unten rutschen. Wartet man eine Weile, sieht man die Tiere nach und nach wieder auftauchen. **§!**

Dünen-Sandlaufkäfer *Cicindela hybrida*

FAMILIE LAUFKÄFER

Merkmale: Körperlänge 11-19 mm; Färbung dunkelbraun mit Kupferglanz, manchmal etwas grünlich, Flügeldecken mit weißen Randflecken und weißer Zackenbinde, das 1. Fühlerglied mit wenigen Haaren. Ganzjährig.

Vorkommen: An offenen, sandigen Stellen, insbesondere auf Sanddünen und in Sandgruben; gebietsweise ziemlich häufig, vor allem im nördlichen Teil von D.

Wissenswertes: Die Käfer sind wie alle Sandlaufkäfer sehr scheu und daher schwer zu beobachten. Bei der leichtesten Störung fliegen sie davon, um meist erst nach 10-20 m wieder zu landen. Sie ernähren sich von anderen Insekten, die sie mit ihren scharf gezähnten Kiefern ergreifen und zerkleinern. Gegen Abend graben sie sich flach in den Sandboden hinabführende Röhren, in denen sie übernachten, nicht selten zu mehreren dicht beieinander. **§!**

Ähnlich: Der **Wald-Sandlaufkäfer** *Cicindela sylvatica* besitzt als einziger Sandlaufkäfer eine schwarze Oberlippe. Er kommt ziemlich selten in lichten Kiefernwäldern vor. **RL, §!**

Deutscher Sandlaufkäfer *Cicindela germanica*

FAMILIE LAUFKÄFER

Merkmale: Körperlänge 8-11 mm; Oberseite grünlich bis bronzefarben, Flügeldecken nur am Rand mit kleinen, weißen Flecken. Ganzjährig.

Vorkommen: Nicht in Sandgebieten, sondern auf unbewachsenen, lehmigen oder steinigen Flächen an Wegrändern und auf Trockenrasen, vorzugsweise auf Kalkböden; überall selten.

Wissenswertes: Der D.S. fliegt als einziger heimischer Sandlaufkäfer bei Gefahr nicht davon, sondern flüchtet in außerordentlich schnellem Lauf. Er besitzt deutlich längere Beine als die übrigen Arten seiner Gattung und kann angesichts seiner geringen Größe leicht mit einer flüchtenden Wolfspinne verwechselt werden. Es ist ziemlich schwierig, ihn bei seiner Flucht nicht aus den Augen zu verlieren. Die Bestände dieser Art sind fast überall stark im Rückgang begriffen, und dies, obwohl sich der Käfer stellenweise mit winzigen Wohnarealen von kaum mehr als einem Quadratmeter zufrieden gibt. **RL, §!**

Verwandt: Der **Alpen-Sandlaufkäfer** *Cicindela gallica* ist ebenfalls grün gefärbt, trägt aber breite, weiße Zackenbinden auf den Flügeldecken. Er kommt nur in den Alpen und hier meist in Höhen von etwa 2000 m vor.

Goldlaufkäfer *Carabus auratus*

Merkmale: Körperlänge 17-30 mm; Körperoberfläche grüngolden bis kupferfarben, Flügeldecken mit je 3 glatten, ebenso gefärbten Längsrippen, die Fühlerglieder 1-4 gelb oder rot. Ganzjährig.
Vorkommen: Auf offenen Flächen, z.B. an Wegrändern, auf Trockenrasen und in Gärten; in den meisten Gegenden nicht selten.
Wissenswertes: Der G. ist im Gegensatz zu den meisten übrigen *Carabus*-Arten vorwiegend tagaktiv. Der fertig entwickelte Käfer kann ebenso wie weitere Arten dieser Gattung ein Alter von mehreren Jahren erreichen. Er legt während der heißen Sommermonate jeweils eine Ruhepause ein und zieht sich im Herbst unter Steine oder am Boden liegende Holzstücke zurück, wo er sich zur Überwinterung eine ovale Höhle gräbt. Oft erfolgt die Überwinterung auch in bereits stark verwitterten, morschen Baumstümpfen. Der flugunfähige Käfer macht am Boden Jagd auf andere Insekten und ihre Larven; er verschmäht dabei auch nicht die Larven von Kartoffelkäfern. Eine bevorzugte Beute sind offenbar Regenwürmer. Die Beute wird mit Verdauungssekret beträufelt, dadurch schon vor dem Mund verflüssigt und schließlich aufgesogen.
Im Frühjahr schreiten die Käfer zur Fortpflanzung. Die dunkel pigmentierte Larve benötigt für ihre Entwicklung 2-3 Monate. Sie ernährt sich gleichfalls von Bodentieren, auch z.B. von Schnecken, und verpuppt sich im Sommer in einer Erdhöhle, die bis zu 20 cm tief im Boden liegen kann. **§!**

Ähnlich: Beim ebenfalls nicht seltenen **Goldglänzenden Laufkäfer** *Carabus auronitens* sind die Kanten der Flügelrippen schwarz und nur das 1. Fühlerglied ist gelbrot. Er lebt vorzugsweise in Wäldern und ist im Gegensatz zum Goldlaufkäfer vor allem nachtaktiv. **§!**

Dunkelblauer Laufkäfer
Carabus intricatus FAMILIE LAUFKÄFER

Merkmale: Körperlänge 24-36 mm; Körperform auffallend schmal und etwas abgeflacht, oberseits leuchtend blau gefärbt, besonders an den Rändern des Halsschilds und der Flügeldecken, letztere mit vielen Kettenstreifen. Ganzjährig.
Vorkommen: In Laubwäldern und Gebüschen, vor allem an wärmeren Stellen im süddeutschen Bergland; nördlich der Mainlinie selten.
Wissenswertes: Beim Männchen (Bild) sind wie bei allen *Carabus*-Arten die Fußglieder der Vorderbeine verbreitert und auf der Unterseite mit Hafthaaren besetzt. Bei dieser Art ist außerdem das letzte Glied des Kiefertasters dreieckig erweitert. Beides steht vermutlich im Zusammenhang mit dem Paarungsverhalten. **§!**

Ähnlich: Der etwas größere, rein schwarze **Lederlaufkäfer** *C. coriaceus* hat einheitlich gerunzelte Flügeldecken. **§!**

Schluchtwald-Laufkäfer
Carabus irregularis FAMILIE LAUFKÄFER

Merkmale: Körperlänge 19-30 mm; Körperform breit und abgeflacht; Oberseite kupferbraun, Flügeldecken mit unregelmäßig verteilten, metallisch glänzenden Punktgruben. Ganzjährig.
Vorkommen: In feuchten Bergwäldern, insbesondere in Schluchtwäldern; im südlichen und mittleren D im Bergland nicht selten.
Wissenswertes: Diese Art besitzt asymmetrisch gebaute Kiefer; der rechte Oberkiefer ist an der Außenseite beulenartig erweitert. Möglicherweise ernährt sie sich vorzugsweise von Gehäuseschnecken, die mit den sehr kräftigen Kiefern geknackt werden. **§!**

Ähnlich: Beim selteneren **Uferlaufkäfer** *Carabus clathratus* sind die Punktgruben auf den Flügeldecken in regelmäßigen Längsreihen angeordnet. Er lebt in Feuchtgebieten und kann sogar tauchen. **RL, §!**

Großer Puppenräuber *Calosoma sycophanta*

FAMILIE LAUFKÄFER

Merkmale: Körperlänge 18-28 mm; auffallend breit gebaut; Flügeldecken grün und rot schillernd, mit feinen Längsrippen. Ganzjährig.

Vorkommen: In warmen, lichten Laubwäldern, besonders in Eichenwäldern, selten.

Wissenswertes: Der G.P. ist anders als die *Carabus*-Arten (⇨S.88) flugfähig und hält sich vorzugsweise im Gebüsch, an Baumstämmen und im Kronenbereich auf. Hier macht er Jagd auf andere Insekten, insbesondere auf die Raupen von Nachtfaltern. Bei Massenvermehrungen des Schwammspinners, der Nonne oder des Eichen-Prozessionsspinners ist er meist schnell zur Stelle und kann sich dann seinerseits stark vermehren. Er dringt selbst in die von fast allen Tieren gemiedenen Nester der Prozessionsspinnerraupen ein und zieht zwischen den mit Brennhaaren gespickten Gespinstfäden seine Opfer heraus. Ein Käfer kann im Jahr etwa 400 Raupen vertilgen und bis zu 4 Jahre alt werden. **RL, §!**

Gewöhnlicher Schaufelläufer *Cychrus caraboides*

FAM. LAUFKÄFER

Merkmale: Körperlänge 13-20 mm; Flügeldecken stark gewölbt, Halsschild deutlich schmäler, Kopf sehr schmal und nach vorn verlängert; Oberseite einheitlich gerunzelt, ganz schwarz. Ganzjährig.

Vorkommen: In feuchten Wäldern; gebietsweise nicht selten.

Wissenswertes: Der G.S. ist ein spezialisierter Schneckenfresser. Er verfolgt die sich nach seinem Angriff zurückziehende Schnecke dank seines stark verschmälerten Vorderkörpers bis tief ins Gehäuse, beträufelt sie mit Darmsaft und schlürft den sich zersetzenden Weichkörper auf.

Ähnlich: Der **Bergschaufelläufer** *Cychrus attenuatus* besitzt Kettenstreifen auf den Flügeldecken und gelbbraune Beinschienen.

Bunter Enghalsläufer *Platynus dorsalis*

FAMILIE LAUFKÄFER

Merkmale: Körperlänge 6-8 mm; Oberseite metallisch grün schimmernd, Flügeldecken in der vorderen Hälfte gelbbraun gefärbt, ebenso die Beine. Ganzjährig.

Vorkommen: In offenem Gelände, z.B. an Wegrändern, auf Wiesen und in Gärten; überall häufig.

Wissenswertes: Der Käfer, der kaum zu verwechseln ist, ernährt sich von anderen Insekten, z.B. Blattläusen und Raupen. Er überwintert oft in großen Gemeinschaften unter Steinen, nicht selten in Gesellschaft von Bombardierkäfern.

Verwandt: Der **Sumpf-Halsläufer** *Odacantha melanura* weist einen deutlich schmäleren Körperbau auf und ist auf den Flügeldecken viel ausgedehnter hell gezeichnet. Er lebt ausschließlich in Feuchtgebieten, besonders im Uferbereich stehender Gewässer.

Großer Bombardierkäfer *Brachinus crepitans*

FAM. LAUFKÄFER

Merkmale: Körperlänge 6-10 mm; Flügeldecken metallisch grün oder blau gefärbt, übriger Körper einschließlich der Beine gelbrot. Ganzjährig.

Vorkommen: An warmen, offenen Stellen, vor allem auf lückigen Trockenrasen, nur im südlichen und mittleren D; gebietsweise ziemlich häufig.

Wissenswertes: Der Käfer kann sich sehr wirksam mit einer richtigen Knallgasreaktion verteidigen. Er erzeugt in paarigen Drüsen des Hinterleibs ein Gemisch aus Hydrochinon, Methylhydrochinon und Wasserstoffperoxid, das er bei Gefahr in einer »Brennkammer« mit Enzymen zusammenführt und dadurch zur Explosion bringt. Die bei der deutlich hörbaren chemischen Reaktion entstehenden Chinone treten als kleine Dampfwolke an der Hinterleibsspitze aus und können z.B. andere Käfer oder Ameisen in die Flucht schlagen. Auch Kröten spucken geschnappte Bombardierkäfer in aller Regel gleich wieder aus.

Ähnlich: Der **Kleine Bombardierkäfer** *Brachinus explodens* bleibt mit 5-7 mm Körperlänge etwas kleiner, vermag aber ebenso zu »schießen«.

Gelbrandkäfer *Dytiscus marginalis*

FAMILIE SCHWIMMKÄFER

Merkmale: Körperlänge 27-35 mm; Oberseite schwarzgrün, Außenseiten der Flügeldecken und Halsschild ringsum gelb gerandet; Flügeldecken beim ♂ (linkes großes Bild) glatt, beim ♀ (rechtes großes Bild) mit tiefen Längsfurchen; die Fußglieder 1-3 der Vorderbeine beim ♂ außerdem schildförmig erweitert, unterseits mit 2 großen und zahlreichen kleinen Saugnäpfen. Ganzjährig.

Vorkommen: In stehenden, pflanzenreichen Gewässern meist nicht selten.

Wissenswertes: Der G. kann bis zu 5 Jahre alt werden. Er ernährt sich von kleineren Wassertieren, auch von Aas. Zur Paarung heftet sich das Männchen mit seinen Saugnäpfen an den Vorderfüßen am Halsschild des Weibchens fest. Dieses versenkt danach mit seinem Legebohrer die Eier in Stängel und Blätter von Wasserpflanzen.

Die langgestreckte, auffallend großköpfige Larve (kleines Bild) hängt normalerweise mit s-förmig gebogenem Körper an der Wasseroberfläche und schiebt dabei die Hinterleibsspitze mit den Atemöffnungen etwas über den Wasserspiegel hinaus. Mit ihren lang beborsteten Beinen kann sie aber auch, unterstützt durch peitschenartige Schläge des Hinterleibs, frei durchs Wasser schwimmen. Sie besitzt lange, säbelförmige Kiefer, mit denen sie Beutetiere (z.B. Amphibien- und Insektenlarven) ergreift und durch ein Verdauungssekret tötet. Die aufgelösten Bestandteile werden anschließlich durch einen Saugkanal in den Kiefern aufgesogen. Die Larven sind untereinander sehr unverträglich und dezimieren sich gegenseitig, sobald sie aufeinander treffen. Am Ende ihrer etwa 2- bis 3-monatigen Entwicklung verlassen sie das Gewässer und graben am Ufer eine Höhle, in der sie sich verpuppen.

Gaukler *Cybister lateralimarginalis*

FAMILIE SCHWIMMKÄFER

Merkmale: Körperlänge 30-37 mm; ähnlich dem Gelbrandkäfer, doch Körperform breiter und flacher, Halsschild nur an den Seiten gelb gerandet, Bauch gelbrot; ♂ (großes Bild) wie beim Gelbrandkäfer mit glatten Flügeldecken und Saugnäpfen an den Vorderfüßen, ♀ (Bild oben) mit gleichmäßig lederartig genarbten Flügeldecken. Ganzjährig.

Vorkommen: In sauberen, pflanzenreichen Teichen und Tümpeln; in den letzten Jahren fast überall selten geworden, nur im östlichen D noch etwas häufiger.

Wissenswertes: Der G. ist ein noch wesentlich eleganterer Schwimmer als der Gelbrandkäfer. Bei seinen zu Rudern umgewandelten Hinterbeinen ist die Schiene auffallend kurz (kaum länger als das 1. Fußglied) und die Fußglieder sind mit viel längeren Schwimmborsten ausgestattet als bei diesem. Bei der Vorwärtsbewegung legen sie sich eng aneinander, beim Rückwärtsschlag aber spreizen sie sich weit ab und bewirken einen sehr kräftigen Vorwärtsschub. Der Käfer scheint sich mit Vorliebe von Wasserschnecken zu ernähren. Er kriecht mit seinem Kopf z.B. tief in die ohrförmigen Gehäuse der Schlammschnecken hinein und reißt Teile des Weichkörpers heraus.

Die Larve (Bild oben) besitzt einen weniger nach hinten verschmälerten Körper als die Gelbrandkäferlarve, auch ist ihr Kopf deutlich kleiner und ihr Hinterleib trägt keine Anhänge. Wie jene ernährt sie sich offenbar vorwiegend von Insekten- und Amphibienlarven. **RL**

Ähnlich: Beim **Schwarzbauch** *Dytiscus semisulcatus* sind ebenfalls nur die Halsschildseiten gelb gerandet, er hat aber einen schwarzen Bauch. Die Art lebt vorzugsweise in Moorgewässern und ist im nördlichen D deutlich häufiger als im S. **RL**

Furchenschwimmer *Acilius sulcatus*
FAMILIE SCHWIMMKÄFER

Merkmale: Körperlänge 15-18 mm; ziemlich breit und flach gebauter Schwimmkäfer; Flügeldecken fein marmoriert, beim ♂ (Bild) glatt, beim ♀ mit breiten, behaarten Längsfurchen. Ganzjährig.
Vorkommen: In meist kleineren stehenden Gewässern; überall häufig.
Wissenswertes: Das Männchen besitzt wie beim Gelbrandkäfer (⇨S.92) verbreiterte, unterseits mit Saugnäpfen besetzte Vorderfüße, mit denen es sich zur Paarung am Weibchen festheftet. Die Larve (kleines Bild) hat einen stark verschmälerten Vorderkörper und einen auffallend kleinen Kopf mit kurzen Saugzangen. Sie schwimmt mit ihren Ruderbeinen sehr behände, kann aber auch mit ruckartigen Schlägen des Hinterleibs sprungartig durchs Wasser schnellen.

Teichschwimmer *Colymbetes fuscus*
FAMILIE SCHWIMMKÄFER

Merkmale: Körperlänge 16-17 mm; Körper schmal gebaut, Flügeldecken mit dichtem Muster feiner, dunkler Querriefen; Unterseite am Rand gelb, sonst schwarz, Beine braun. VII-V.
Vorkommen: In kleineren stehenden Gewässern, oft in Gesellschaft des Furchenschwimmers; fast überall häufig.
Wissenswertes: Beim Männchen sind die Fußglieder der Vorderbeine nur wenig verbreitert. Sie tragen auf der Unterseite zahlreiche kleine, dazwischen aber keine großen Saugnäpfe.

Ähnlich: Der etwas größere und dunklere *Colymbetes paykulli* hat eine ganz schwarze Unterseite und schwarze Beine. Er kommt nur im nördlichen D vor und lebt in Moorgewässern.

Kugelschwimmer *Hyphydrus ovatus*
FAMILIE SCHWIMMKÄFER

Merkmale: Körperlänge 4-5 mm; Färbung einheitlich rostrot, Gestalt fast kugelig. Ganzjährig.
Vorkommen: Vor allem in pflanzenreichen Kleingewässern; fast überall häufig.
Wissenswertes: Der K. überwintert wie die meisten seiner Familie als Imago, teils im Wasser, teils an Land. Im Wasser führt er wie alle Schwimmkäfer einen Luftvorrat mit sich, den er von Zeit zu Zeit erneuert, indem er die Hinterleibsspitze über den Wasserspiegel hinausschiebt. Während die meisten übrigen Wasserkäfer ihren ganzen Luftvorrat unter den Flügeldecken speichern, verfügt der K. außerdem ständig über eine kleine Luftblase an der Hinterleibsspitze.
Die Larve ist kurz und breit gebaut und trägt auf ihrem braunen Körper weißliche Querstreifen. Über den ziemlich langen Saugzangen ragt ein nasenartiger Fortsatz des Kopfschilds bis über deren Spitze hinaus nach vorn. Sie bewegt sich überwiegend kriechend zwischen Wasserpflanzen und ernährt sich vorzugsweise von Wasserflöhen und anderen Kleinkrebsen.

Gefleckter Flussschwimmer *Platambus maculatus*
SCHWIMMKÄFER

Merkmale: Körperlänge 7-9 mm; Halsschild vorn und hinten mit schwarzer, dazwischen mit weißer und brauner Querbinde; Flügeldecken auf gelbbraunem Grund mit schwarzem, meist zusammenhängendem Fleckenmuster. Ganzjährig.
Vorkommen: Im Gegensatz zu fast allen übrigen Schwimmkäfern immer in bewegtem Wasser, sowohl in Berg- und Tieflandbächen als auch in der Uferzone größerer Seen; in den meisten Gegenden ziemlich häufig.
Wissenswertes: Der Käfer variiert sehr stark im Zeichnungsmuster seiner Flügeldecken. Im Extremfall kann die schwarze Zeichnung auf einen Längsstreifen entlang der Flügelnaht und einen weiteren in der Flügelmitte reduziert oder aber die helle Grundfärbung fast völlig zurückgedrängt sein. Die Art ist aber schon allein durch ihren Lebensraum leicht von ähnlichen (meist deutlich kleineren) Schwimmkäfern zu unterscheiden.
Die langgestreckte Larve ist nach hinten verschmälert und trägt zwischen den Augen eine geschwungene, dunkle Querbinde.

Taumelkäfer *Gyrinus substriatus*

FAMILIE TAUMELKÄFER

Merkmale: Körperlänge 5-7 mm; Körper stromlinienförmig, nach hinten etwas zugespitzt, Oberseite glatt und unbehaart; Vorderbeine lang, Mittel- und Hinterbeine sehr kurz. Ganzjährig.
Vorkommen: An der Oberfläche stehender und langsam fließender Gewässer; ziemlich häufig.
Wissenswertes: Die Mittel- und Hinterbeine des T. stellen sehr effektive Ruderorgane dar. Die Fußglieder sind zu schmalen Plättchen umgewandelt, die sich bei der Vorwärtsbewegung fächerförmig übereinander legen, bei der Rückwärtsbewegung aber auseinander spreizen. Dabei wird 84% der aufgewendeten Kraft in Vortrieb umgewandelt (bei einem Schaufelrad dagegen nur 55%). Die Facettenaugen sind zweigeteilt, die eine Hälfte liegt im, die andere über dem Wasser.

Ähnlich: Der **Bachtaumelkäfer** *Orectochilus villosus* hat eine behaarte Körperoberseite.

Stachelwasserkäfer *Hydrochara caraboides*

FAMILIE WASSERKÄFER

Merkmale: Körperlänge 14-19 mm; schwarz mit leichtem Erzglanz, Unterseite des Hinterleibs flach, Hinterbrust unterseits mit kurzem, nach hinten gerichtetem Dorn; Fühler nur sehr kurz, kolbenförmig, dafür die Kiefertaster fühlerartig verlängert. VIII-VI.
Vorkommen: In pflanzenreichen, stehenden Gewässern; im Allgemeinen nicht selten.
Wissenswertes: Der S. schwimmt mit alternierenden Bewegungen seiner Hinterbeine weit unbeholfener als die Schwimmkäfer (die stets mit synchronen Hinterbeinbewegungen rudern).
Das Weibchen legt im Fühjahr seine Eier in einem weißen, an der Wasseroberfläche treibenden Seidenkokon ab, der an der Seite einen langen »Schornstein« zur Atmung trägt und oberseits fast immer mit einem dürren Blatt bedeckt ist (kleines Bild). Während sich die Imago ausschließlich von Wasserpflanzen ernährt, frisst die Larve (rechtes Bild) andere kleine Wassertiere, z.B. Würmer und Insektenlarven. Sie hebt die Beute über den Wasserspiegel hinaus, beträufelt sie mit Verdauungssaft und saugt sie auf. Unter Wasser würde sie ihr buchstäblich vor dem Mund zerfließen.

Großer Kolbenwasserkäfer *Hydrophilus piceus*

FAMILIE WASSERKÄFER

Merkmale: Ähnlich dem Stachelwasserkäfer, doch mit 34-50 mm Körperlänge wesentlich größer; Unterseite des Hinterleibs dachförmig gekielt, Unterseite der Hinterbrust nach hinten in einen langen, spitzen Dorn auslaufend. Ganzjährig.
Vorkommen: In pflanzenreichen, stehenden Gewässern; in D fast überall selten geworden, im Mittelmeergebiet noch gebietsweise häufig.
Wissenswertes: Der imposante Käfer wurde früher als Fischereischädling verfolgt, da man seinen Stachel für eine gefährliche Waffe hielt, mit der er Fische erbeuten würde (»Karpfenstecher«). Er ernährt sich jedoch von Wasserpflanzen und daneben von Aas. Die mitgeführte Atemluft speichert er außer unter den Flügeldecken auch in der Behaarung seiner Körperunterseite, wo sie als silbrig glänzende Schicht gut zu erkennen ist. Zum Luftwechsel schiebt er die Oberseite von Kopf und Halsschild über den Wasserspiegel hinaus und stellt zwischen Augenhinterrand und Halsschild durch seine darüber gelegten Fühler eine Röhre her, durch die der Luftaustausch stattfindet. Das Weibchen spinnt im Frühjahr einen ähnlichen, jedoch größeren Eikokon wie der Stachelwasserkäfer.
Die bis zu 7 cm lange, plumpe Larve (kl. Bild) ernährt sich von Wasserschnecken. **RL, §!**

Bunter Kurzflügler *Staphylinus caesareus* FAMILIE KURZFLÜGLER

Merkmale: Körperlänge 17-25 mm; Oberseite schwarz mit rotbraunen Flügeldecken und goldglänzenden Haarflecken auf dem Halsschild und an den Seiten sämtlicher Rückenplatten des Hinterleibs. V-VIII.

Vorkommen: In offenem Gelände, z.B. an Wegrändern, auf Wiesen und Trockenrasen; im mittleren und südlichen D nicht selten, im N hingegen nur ganz vereinzelt.

Wissenswertes: Die Kurzflügler sind mit fast 2000 heimischen Arten die artenreichste Käferfamilie Mitteleuropas. Die meisten Arten, so auch der B.K., können trotz der stark verkürzten Flügeldecken recht gut fliegen. (Vor allem bei Alpenarten fehlen oft die Hinterflügel, und bei manchen Arten treten flugfähige und nicht flugfähige Exemplare auf.) Die häutigen Hinterflügel liegen in Ruhe mehrfach zusammengefaltet unter den Flügeldecken verborgen, können aber bei Bedarf blitzschnell entfaltet werden. Beim Zusammenfalten werden sie mit schnellen Schwenkbewegungen der Hinterleibsspitze wieder unter die Deckflügel zurückgeschoben. Der auffallende B.K. ist anders als die meisten Vertreter seiner Familie vorwiegend tagaktiv. Der Käfer ernährt sich ebenso wie seine Larve räuberisch von anderen Insekten sowie von Würmern und Schnecken.

Ähnlich: Beim nahe verwandten *Staphylinus erythropterus* sind die Hinterleibssegmente erst ab dem 4. Segment goldgelb gefleckt. Beim ebenfalls ähnlichen *Parabemus fossor* (Bild) ist außer den Flügeldecken auch das Halsschild rotbraun, die Hinterleibsringe tragen auch in der Mitte je einen goldgelben Fleck.

Großaugen-Kurzflügler *Stenus bimaculatus* FAMILIE KURZFLÜGLER

Merkmale: Körperlänge 6-7 mm; sehr schmaler und langgestreckter Kurzflügler mit auffallend großen Augen; Flügeldecken mit rotem Punkt. Ganzjährig. Schwer von zahlreichen weiteren Arten dieser Gattung zu unterscheiden.

Vorkommen: An feuchten, meist halbschattigen Orten, besonders an Gewässerufern; fast überall ziemlich häufig.

Wissenswertes: Auch dieser ausgesprochen flinke Kurzflügler gehört zu den tagaktiven Arten. Er macht Jagd auf andere kleinere Insekten, vorzugsweise auf Springschwänze, die er mit seinen großen, halbkugeligen Augen fixiert und dann mit seinen einzigartigen Mundwerkzeugen erbeutet. Die Unterlippe dieses Käfers ist nämlich zu einer teleskopartig vorstreckbaren Schleuderzunge umgewandelt, die durch eine blitzartige Erhöhung des Blutdrucks bis auf etwa die halbe eigene Körperlänge vorgeschnellt werden kann. An ihrer Spitze befinden sich Klebepolster, an denen die Beute haften bleibt, um dann den beißenden Kiefern zugeführt zu werden.

Keulenkäfer *Claviger longicornis* FAMILIE KEULENKÄFER

Merkmale: Körperlänge 2,5-3 mm; Körper nach vorn stark verschmälert, Kopf etwa doppelt so lang wie breit; hinter den schuppenförmigen Flügeldecken jederseits ein auffälliges orangerotes Haarbüschel. IV-VI.

Vorkommen: Ausschließlich in den Nestern der Schattenameise *Lasius umbratus*; ziemlich selten.

Wissenswertes: Der winzige Käfer sondert unter seinen Haarbüscheln ein Sekret ab, das sich in einer Grube auf dem Hinterleibsrücken sammelt und begierig von den Ameisen aufgeleckt wird. Dabei handelt es sich offenbar um ein Rauschmittel. Als Gegenleistung wird der Käfer von den Ameisen gefüttert und bei Gefahr an den Fühlern gepackt und an einen sicheren Ort getragen.

Ähnlich: Der noch kleinere *Claviger testaceus* (Körperlänge 2-2,5 mm) besitzt etwas kürzere und noch deutlich dickere Fühler. Er lebt vorzugsweise in den Nestern der Gelben Wegameise (⇨S.166) und ist etwas häufiger als die abgebildete Art.

Totengräber *Necrophorus vespillo*

FAMILIE AASKÄFER

Merkmale: Körperlänge 12-22 mm; Flügeldecken nicht ganz bis zur Hinterleibsspitze reichend, schwarz mit 2 gelbroten Querbinden. Ganzjährig.

Vorkommen: An Waldrändern und in offenem Gelände fast überall häufig.

Wissenswertes: Der T. entwickelt sich in kleineren Tierleichen. Wenn das Männchen z.B. eine tote Maus entdeckt hat, steigt es daneben an einem Halm empor, streckt seinen Hinterleib hoch und lockt durch abgegebene Duftstoffe ein Weibchen herbei. Das Paar versenkt den Kadaver durch gemeinsame Arbeit in den Boden, indem es ihn untergräbt, und formt in einer kleinen Höhle daraus eine Kugel. Dann legt das Weibchen in einem Seitengang Eier und füttert später, auf der Aaskugel sitzend, die regelrecht bettelnden Junglarven mit vorverdauter Nahrung von Mund zu Mund. Erst im letzten Häutungsstadium gehen die Larven zur selbstständigen Nahrungsaufnahme über.

Rothalsige Silphe *Oeceoptoma thoracicum*

FAMILIE AASKÄFER

Merkmale: Körperlänge 12-16 mm; sehr breit und flach gebaut, Kopf dagegen auffallend schmal; Halsschild rot gefärbt. Ganzjährig.

Vorkommen: In verschiedensten Lebensräumen; überall ziemlich häufig.

Wissenswertes: Dieser dank des roten Halsschilds unverwechselbare Käfer ernährt sich wie der Totengräber vorwiegend von Aas, daneben aber auch von faulenden Pilzen oder Kot.

Verwandt: Der ebenfalls zu den Aaskäfern gehörige **Schwarze Schneckenjäger** *Phosphuga atrata* besitzt eine ähnliche Körperform, ist aber ganz schwarz. Er ernährt sich, anders als die meisten Angehörigen dieser Familie, fast ausschließlich von Schnecken.

Kleines Glühwürmchen *Lamprohiza splendidula*

FAMILIE LEUCHTKÄFER

Merkmale: Körperlänge 8-10 mm; ♂ normal geflügelt, an einen Weichkäfer (➪S.102) erinnernd, Halsschild mit durchscheinendem Fenster, der Kopf mit den großen Augen darunter verborgen; ♀ larvenartig, weißlich, mit winzigen Flügelstummeln. VI-VII.

Vorkommen: In etwas feuchten Wäldern und Gebüschen; im südlichen D ziemlich häufig, nach N zu seltener.

Wissenswertes: Beide Geschlechter können in besonderen Leuchtorganen, die beim Männchen unterseits kurz vor der Hinterleibsspitze (linkes großes Bild), beim Weibchen (kleines Bild oben) darüber hinaus an den Seiten weiterer Hinterleibsringe liegen, ein grünliches Leuchten erzeugen. Das Licht entsteht, wenn die Tiere die beiden in ihrem Körper gebildeten Stoffe Luciferin und Luciferase zusammenbringen. Sie leuchten, unabhängig vom Wetter, jeweils von der späten Dämmerung bis kurz nach Mitternacht. Die am Boden sitzenden Weibchen locken auf diese Weise die emsig umherfliegenden Männchen herbei. Diese lassen sich aus dem Flug auf ihre

Partnerin fallen und es kommt sofort zur Paarung. Auch die kurz nach der Paarung abgelegten Eier leuchten ein wenig. Die asselförmigen, dunkelgrauen Larven ernähren sich hauptsächlich von Schnecken und zeigen ebenfalls ein leichtes Leuchten. Die fertigen Käfer nehmen keine Nahrung mehr zu sich.

Ähnlich: Beim **Großen Leuchtkäfer** *Lampyris noctiluca* leuchtet nur das ziemlich dunkel gefärbte, ungeflügelte Weibchen (Bild). Seine Leuchtorgane beschränken sich auf die Unterseite der letzten Hinterleibsringe.

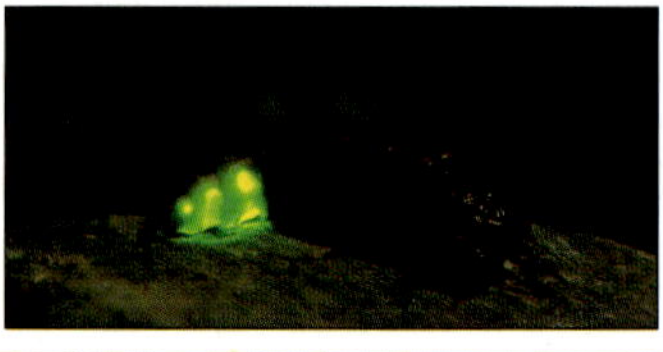

Stutzkäfer *Hister quadrimaculatus*
FAMILIE STUTZKÄFER

Merkmale: Körperlänge 7-11 mm; Körper sehr breit und auffallend fest gepanzert; Flügeldecken deutlich vor der Hinterleibsspitze endend, schwarz, mit gebogenem, rotem Streifen, der auch in 2 Flecke geteilt sein kann. Ganzjährig.
Vorkommen: In offenem Gelände, vor allem an wärmeren Orten; nicht selten.
Wissenswertes: Der Käfer ist vorzugsweise an Dung, insbesondere an Kuhfladen und Pferdeäpfeln, zu finden. Er ernährt sich räuberisch von den am Dung lebenden Insekten und ihren Larven, vor allem von Fliegenmaden.

Dunkler Soldatenkäfer
Cantharis obscura FAMILIE WEICHKÄFER

Merkmale: Körperlänge 9-13 mm; Körper ziemlich weich, annähernd schwarz, nur Halsschild an den Seiten gelbrot. V-VIII.
Vorkommen: An Waldrändern und auf Wiesen überall häufig.
Wissenswertes: Der Käfer lebt vorwiegend im Gebüsch und ernährt sich vor allem von kleineren Insekten. Die graue, offenbar ebenfalls räuberische Larve ist auch im Winter aktiv und kann gelegentlich auf Schnee beobachtet werden.
Ähnlich: Beim etwas größeren, überall sehr häufigen **Gewöhnlichen Soldatenkäfer** *C. fusca* trägt das rote Halsschild vorn einen dunklen Fleck.

Kammhorn-Schnellkäfer
Ctenicera sp. FAMILIE SCHNELLKÄFER

Merkmale: Körperlänge 12-18 mm; Körper schmal, erzglänzend oder grünmetallisch; ♂ (Bild) mit deutlich gekämmten Fühlern. V-VIII.
Vorkommen: Vor allem auf sonnigen Bergwiesen und auf Trockenrasen; im Bergland stellenweise nicht selten.
Wissenswertes: Der Käfer verfügt über einen besonderen Klickmechanismus, mit dem er sich aus der Rückenlage weit emporschnellen und so wieder auf die Beine kommen kann. Ein Zapfen zwischen Vorder- und Mittelbrust, der in »Hohlkreuz«-Haltung in eine Grube gedrückt ist, wird dabei plötzlich entarretiert. Der Mechanismus funktioniert aber auch in der Bauchlage.

Zweipunkt-Zipfelkäfer *Malachius bipustulatus*
FAMILIE ZIPFELKÄFER

Merkmale: Körperlänge 5-6 mm; ziemlich weicher, lebhaft grün gefärbter Käfer mit leicht klaffenden Flügeldecken, diese jeweils hinten mit einem roten Punkt. V-VIII.
Vorkommen: An warmen, offenen Stellen im Gebüsch oder auf blühenden Pflanzen; in den meisten Gegenden nicht selten.
Wissenswertes: Der Käfer ernährt sich von Blütenstaub, vielleicht auch von kleinen Insekten. Das an Erweiterungen der Fühlerglieder 2-4 erkennbare Männchen (Bild) sondert bei der Balz am Kopf ein Sekret ab, das vom Weibchen aufgeleckt wird.

Brauner Weichkäfer *Rhagonycha fulva*
FAMILIE WEICHKÄFER

Merkmale: Körperlänge 7-10 mm; Körper weich, Färbung rostrot mit gelbbraunen, an den Spitzen schwarz gefleckten Flügeldecken. VI-VIII.
Vorkommen: An Waldrändern und in offenem Gelände überall sehr häufig.
Wissenswertes: Der B.W. ist überall der häufigste Weichkäfer und zugleich einer der häufigsten Käfer überhaupt. Die Tiere sitzen oft scharenweise auf Doldenblüten und anderen blühenden Pflanzen. Sie ernähren sich hier offensichtlich vom Blütenstaub, sollen aber auch andere Insekten erbeuten. Die Paarung (Bild) erstreckt sich über mehrere Stunden.

Kreuzschnellkäfer *Selatosomus cruciatus*
FAMILIE SCHNELLKÄFER

Merkmale: Körperlänge 10-14 mm; Halsschild schwarz mit 2 roten Längsbinden, Flügeldecken gelb- bis rotbraun mit schwarzer, kreuzförmiger Zeichnung. V-VII.
Vorkommen: In feuchten Wäldern, vorwiegend in der Ebene; nicht häufig, in D von NO nach SW seltener werdend.
Wissenswertes: Dieser unverwechselbar gefärbte und gezeichnete Schnellkäfer ist an seinen Fundorten im Gebüsch oder auf Totholz manchmal in größerer Zahl zu beobachten. Seine schmale, relativ fest chitinisierte Larve (»Drahtwurm«) entwickelt sich unterirdisch an den Wurzeln krautiger Pflanzen. **RL**

Zottiger Bienenkäfer
Trichodes alvearius FAMILIE BUNTKÄFER

Merkmale: Körperlänge 10-17 mm; Oberseite blauschwarz, Flügeldecken leuchtend rot mit 3 dunklen Querbinden. V-VII.

Vorkommen: An warmen, trockenen Orten, vor allem auf Trockenwiesen; nicht häufig.

Wissenswertes: Der auffallende Käfer ist regelmäßig auf Blüten anzutreffen, wo er sich von Pollen ernährt, offenbar aber auch kleineren Insekten nachstellt. Seine Larve entwickelt sich in den Nestern von Wildbienen; der Käfer wird daher auch – wie die gleichnamige Grabwespe (⇨S.174) – als »Bienenwolf« bezeichnet. **RL, §!**

Ameisenbuntkäfer *Thanasimus formicarius* FAMILIE BUNTKÄFER

Merkmale: Körperlänge 7-11 mm; schwarz und rot gefärbter, struppig behaarter Käfer, Flügeldecken mit 2 weißen Zackenbinden. Ganzjährig.

Vorkommen: Vorwiegend in Nadelwäldern; überall ziemlich häufig.

Wissenswertes: Der Käfer ernährt sich wie seine Larve fast ausschließlich von Borkenkäfern und deren Larven und erweist sich dadurch für den Forstwirt als ausgesprochen nützlich. Oft wird er ein Opfer von Duftstofffallen für Borkenkäfer, da er sich offensichtlich an den Lockdüften seiner Beutetiere orientiert.

Marienprachtkäfer *Chalcophora mariana* FAMILIE PRACHTKÄFER

Merkmale: Körperlänge 24-30 mm; Körper breit und flach, nach hinten deutlich verschmälert; schwarz mit starkem Kupferglanz, oberseits mit grau beschuppten Längsfurchen. V-VIII.

Vorkommen: In Kiefernwäldern, besonders auf Sandböden; ziemlich selten.

Wissenswertes: Dieser größte heimische Prachtkäfer sonnt sich gern auf frisch gefällten Kiefernstämmen. Bei warmem Wetter verhält er sich ausgesprochen scheu und flugaktiv, sodass eine Beobachtung recht schwierig ist. Die Larve (rechtes großes Bild) besitzt einen langen, schmalen Körper, der im vorderen Teil deutlich erweitert und abgeflacht ist. Sie entwickelt sich in einem Fraßgang unter Kiefernrinde und bevorzugt dabei ältere Baumstümpfe. Zum Schluss ihrer Entwicklung erweitert sie das Ende des Fraßgangs zu einer flach ovalen Puppenwiege, in der anschließend die Puppe ruht (kleines Bild unten). Kurz vor dem Schlupf des Käfers ist bereits dessen dunkel metallische Färbung zu erkennen. **RL, §!**

Achtpunktiger Kiefernprachtkäfer *Buprestis octoguttata* PRACHT.

Merkmale: Körperlänge 9-18 mm; Körper langoval, Hinterende abgerundet; leuchtend blaumetallisch gefärbt, Flügeldecken meist mit je 4 querovalen, gelben Flecken. V-VIII.

Vorkommen: An sonnigen Stellen am Rand sandiger Kiefernwälder, aber auch in Mooren an Latschenkiefern; im östlichen D zerstreut, nach W hin zunehmend seltener.

Wissenswertes: Der sehr flugtüchtige, schöne Käfer ist bei warmem Wetter meist in der Nähe seiner Brutbäume zu beobachten, fliegt aber bereits bei der geringsten Beunruhigung davon. Seine Larve entwickelt sich in Kiefernstümpfen und Totholz. **RL, §!**

Glänzender Eckschild-Prachtkäfer *Anthaxia nitidula* PRACHTKÄFER

Merkmale: Körperlänge 5-7 mm; ♂ meist einheitlich metallisch grün gefärbt, ♀ (Bild) mit rotem Kopf und Halsschild. V-VII.

Vorkommen: Im süd- und mitteldeutschen Bergland stellenweise nicht selten, im norddeutschen Flachland hingegen fast fehlend.

Wissenswertes: Dieser flinke, kleine Prachtkäfer ist im Gegensatz zu den meisten seiner Verwandten regelmäßig beim Blütenbesuch zu beobachten. Er zeigt eine deutliche Vorliebe für gelbe Blüten. Seine Larve entwickelt sich unter der Rinde von Schlehen und Obstbäumen. **§!**

Ähnlich: Mehrere weitere Arten dieser Gattung sind ähnlich gebaut, aber verschieden gefärbt.

Siebenpunkt *Coccinella septempunctata* FAMILIE MARIENKÄFER

Merkmale: Körperlänge 5-8 mm; Flügeldecken rot, mit insgesamt 7 schwarzen Punkten. Ganzjährig.
Vorkommen: Überall häufig, dringt regelmäßig auch in Wohnungen ein.
Wissenswertes: Der S. ist als Blattlausvertilger allgemein beliebt. Nicht nur der Käfer selbst, sondern auch die blaugraue, mit gelben Flecken gezeichnete Larve (kleines Bild) ernährt sich fast ausschließlich von Blattläusen. Sie benötigt für ihre Entwicklung etwa 600 ihrer Beutetiere. Allerdings kann sie nicht alle Blattlausarten vertilgen; so erweist sich z.B. die Holunderblattlaus (⇨S. 64) für sie als tödlich giftig.
Ähnlich: Der ein wenig kleinere **Zweipunkt-Marienkäfer** *Adalia bipunctata* ist lediglich mit 2 schwarzen Punkten gezeichnet.

Längsfleckiger Marienkäfer *Neomysia oblongoguttata* MARIENKÄFER

Merkmale: Körperlänge 6-8 mm; Flügeldecken braunrot, mit länglichen, hellgelben Flecken und schmalen Längsstreifen gezeichnet. Ganzjährig.
Vorkommen: In Nadelwäldern, v.a. auf Kiefern, auch in Gärten weit verbreitet; fast überall häufig.
Wissenswertes: Dieser unverkennbare Marienkäfer gehört zu den größten Arten seiner Familie. Er ist ausschließlich auf Nadelbäumen zu finden und ernährt sich offenbar von den an den Zweigen saugenden Blattläusen.

Verwandt: Noch etwas größer (bis 9 mm) wird der **Augenmarienkäfer** *Anatis ocellata*. Er hat rote Flügeldecken mit schwarzen, von einem hellen Hof umgebenen Punkten und frisst ebenfalls Koniferenblattläuse.

Zweiundzwanzigpunkt-Marienkäfer *Thea vigintiduopunctata* FAMILIE MARIENKÄFER

Merkmale: Körperlänge 3-5 mm; ganze Oberseite gelb, auf Halsschild und Flügeldecken mit zahlreichen schwarzen Punkten. Ganzjährig.
Vorkommen: An Waldrändern, in offenem Gelände und auch in Gärten überall häufig.
Wissenswertes: Dieser kleine, kaum verwechselbare Käfer ernährt sich, anders als die meisten Marienkäfer, nicht von Blattläusen, sondern von Mehltaupilzen, die als Verursacher von Pflanzenkrankheiten an Kulturpflanzen gefürchtet sind. Sein Nutzen ist allerdings wohl kaum nennenswert, er macht sich im Gegenteil eher durch die Verbreitung der Pilzsporen unbeliebt.
Außer dieser Art gibt es noch einige weitere Marienkäfer mit abweichender Ernährungsweise. So ist der im Mittelmeergebiet häufige, vereinzelt auch bei uns vorkommende *Henosepilachna argus* ein ausschließlicher Pflanzenfresser. Man findet diesen am ganzen Körper rot gefärbten, auf den Flügeldecken schwarz gepunkteten Käfer auf verschiedenen Kürbisgewächsen.

Dreizehnpunktiger Sumpfmarienkäfer *Hippodamia tredecimpunctata* FAMILIE MARIENKÄFER

Merkmale: Körperlänge 5-7 mm; Gestalt etwas länglicher als bei den meisten Marienkäfern, Flügeldecken rot mit schwarzen Punkten (beim abgebildeten frisch gehäuteten Exemplar ist die Färbung noch etwas blass). Ganzjährig.
Vorkommen: An Gewässerufern, auf Feuchtwiesen und feuchten Waldlichtungen; im Allgemeinen nicht selten.
Wissenswertes: Der Käfer hält sich gern auf im Wasser stehenden Pflanzen (z.B. auf Pfeilkraut oder Froschlöffel) oder auf Weidensträuchern auf und jagt dort gemeinsam mit seiner schwarzen, gelb gefleckten Larve nach Blattläusen. Neben normal gezeichneten Exemplaren treten gelegentlich auch solche mit einfarbig roten Flügeldecken auf oder solche, bei denen die schwarzen Punkte vermehrt sind oder ein zusammenhängendes, dunkles Fleckenmuster bilden. Im Extremfall können die Flügeldecken sogar ganz schwarz sein. Vergleichbare Zeichnungsvariationen kommen bisweilen auch bei anderen Marienkäfern vor.

Messingkäfer *Niptus hololeucos*

FAMILIE DIEBSKÄFER

Merkmale: Körperlänge 4-4,5 mm; Körper stark gewölbt, dicht mit messingfarbenen Haaren besetzt, Kopf weitgehend unter dem Halsschild verborgen. Ganzjährig.

Vorkommen: Ursprünglich in Vorderasien heimisch, heute bei uns in Wohnungen fast überall häufig, besonders in alten Fachwerkhäusern.

Wissenswertes: Der anspruchslose Käfer ist durch ein sehr geringes Feuchtigkeitsbedürfnis ausgezeichnet. Er ernährt sich vorzugsweise von Getreideprodukten und kann sich z.B. auch in Strohfüllungen von Zwischenböden entwickeln.

Kräuterdieb *Ptinus fur*

FAMILIE DIEBSKÄFER

Merkmale: Körperlänge 3-4 mm; Geschlechter sehr verschieden: ♂ schmal, einfarbig braun, ♀ (Bild) deutlich gewölbt, auf den Flügeldecken mit 2 hellen Querbinden. Ganzjährig.

Vorkommen: In Wohnungen überall häufig, auch im Freiland in alten Vogelnestern oder morschem Holz.

Wissenswertes: Der Käfer ernährt sich wie der Messingkäfer oft von Lebensmittelvorräten und kann z.B. auch durch das Benagen von Stoffen lästig in Erscheinung treten. Da er sich aber nur selten stärker vermehrt, ist der angerichtete Schaden in aller Regel gering.

Gewöhnlicher Speckkäfer

Dermestes lardarius FAM. SPECKKÄFER

Merkmale: Körperlänge 7-9 mm; länglich ovaler, in der Grundfärbung schwarzer Käfer; vordere Hälfte der Flügeldecken graugelblich behaart, mit kleinen dunklen Flecken. Ganzjährig.

Vorkommen: In Wohnungen regelmäßig zu finden, daneben aber auch im Freiland an vertrockneten Tierkadavern und in verrottenden, alten Wespennestern.

Wissenswertes: Der Käfer und seine stark behaarte Larve ernähren sich vorwiegend von trockenen Fleischresten. Man kann die Tiere daher recht gut zur sauberen, chemikalienfreien Präparation von Tierskeletten verwenden.

Großer Totenkäfer *Blaps gigas*

FAMILIE SCHWARZKÄFER

Merkmale: Körperlänge 32-38 mm; ganzer Käfer tiefschwarz mit leichtem, fettigem Glanz; Flügeldecken hinten in 2 eng beieinander liegende Zipfel ausgezogen. Ganzjährig.

Vorkommen: Im Mittelmeergebiet in alten Häusern und Ruinen, auch unter größeren Steinen; in D fehlend, doch hin und wieder eingeschleppt.

Wissenswertes: Der auffallend große Käfer ernährt sich von den verschiedensten Abfallstoffen. Bei Beunruhigung streckt er häufig seine Hinterleibsspitze schräg empor (Bild), möglicherweise um dabei unangenehm riechende Abwehrsekrete abzugeben.

Mehlkäfer *Tenebrio molitor*

FAMILIE SCHWARZKÄFER

Merkmale: Körperlänge 12-18 mm; einfarbig dunkelbrauner bis schwarzer Käfer, der sehr an einen Laufkäfer erinnert, aber wie alle Schwarzkäfer an den Kopfseiten vor den Augen eine charakteristische Leiste trägt, die den Fühleransatz von oben verdeckt. Ganzjährig.

Vorkommen: In Wohnungen an Mehlprodukten, im Freiland gelegentlich in morschem Holz oder in Vogelnestern.

Wissenswertes: Der M. ist der bekannteste Vertreter der Schwarzkäfer, die die wichtigste Familie der so genannten heteromeren Käfer darstellen. Bei ihnen bestehen die Vorder- und Mittelfüße aus jeweils fünf, die Hinterfüße dagegen nur aus vier Gliedern. Bekannter noch als der Käfer ist seine Larve, der »Mehlwurm« (rechtes Bild). Er wird vor allem als Futter für verschiedene Ziervögel und Reptilien in großem Umfang gezüchtet und ist im Zoohandel jederzeit erhältlich. Weniger beliebt macht er sich in der Küche, wo er z.B. Backwaren und andere Mehlprodukte durchlöchert. Die Puppe (kleines Bild) zeigt die für die meisten Käferpuppen typische Gestalt der »freien Puppe«, bei der Gliedmaßen und Flügelanlagen locker dem Körper anliegen.

Violetter Maiwurm *Meloe violaceus*

FAMILIE ÖLKÄFER

Merkmale: Körperlänge 10-32 mm; Körper weichhäutig, blauviolett; Flügel stark verkürzt, Hinterleib v.a. beim ♀ (Bild) stark angeschwollen. IV-VI.
Vorkommen: An sonnigen, trockenen oder etwas feuchten Stellen, z.B. in lichten Wäldern; selten.
Wissenswertes: Der V. M. kriecht träge umher und ernährt sich von krautigen Pflanzen. Das Weibchen legt mehrere tausend Eier im Erdboden ab. Die sehr beweglichen Junglarven steigen an Pflanzen empor und sammeln sich z.B. auf Blüten. Von dort lassen sie sich von einer Wildbiene ins Nest tragen. Hier häuten sie sich kurz darauf zu fast unbeweglichen Maden, die sich im Bienennest vom eingetragenen Pollen und Nektar ernähren. **RL, §!**

Spanische Fliege *Lytta vesicatoria*

FAMILIE ÖLKÄFER

Merkmale: Körperlänge 9-21 mm; leuchtend metallisch grün gefärbter, ziemlich weicher Käfer; Hinterleibsspitze die Flügel ein wenig überragend. VI-VII.
Vorkommen: An sehr warmen Orten im Gebüsch; in D selten, im Mittelmeergebiet häufiger.
Wissenswertes: Der Käfer ernährt sich von Laub, besonders von Eschenblättern. Seine Larve durchläuft eine ähnlich komplizierte parasitische Entwicklung in Wildbienennestern wie die des Maiwurms. Wie auch andere Arten dieser Käferfamilie enthält die S.F. in ihrem Blut Cantharidin, ein starkes Gift. Früher wurden die Käfer daher in südlichen Ländern gesammelt und zu einem Aphrodisiakum, gelegentlich auch zu einem hochwirksamen Gifttrunk verarbeitet. Merkwürdigerweise werden bestimmte Mücken- und Käferarten stark vom Blut dieser Tiere angezogen. Sie eilen sofort herbei, wenn ein Ölkäfer zertreten wurde, und laben sich am ausfließenden Saft.

Wollkäfer *Lagria hirta*

FAMILIE WOLLKÄFER

Merkmale: Körperlänge 7-10 mm; schwarz mit gelbbraunen Flügeldecken, am ganzen Körper lang abstehend behaart. V-VIII.
Vorkommen: Auf Wiesen und Waldlichtungen fast überall ziemlich häufig.
Wissenswertes: Der unscheinbare, durch seine Behaarung aber kaum verwechselbare Käfer ernährt sich von verschiedenen krautigen Pflanzen, seine Larve lebt am Boden von verrottenden Pflanzenteilen. Er gehört einer sehr artenarmen Familie an, die zusammen mit den Schwarzkäfern (➪S.108) und den übrigen auf dieser Seite vorgestellten Käfern zu den heteromeren Käfern zählt. Viele Arten dieser Käfergruppe erinnern im Aussehen stark an Vertreter anderer Käferfamilien, z.B. an Laufkäfer, Bockkäfer, Blattkäfer oder Rüsselkäfer. Meist werden sie von ungeübten Beobachtern daher ganz spontan den falschen Familien zugeordnet. An ihrer abweichenden Zahl der Fußglieder (➪Mehlkäfer S.108) sind sie aber stets mit Sicherheit als heteromere Käfer zu erkennen.

Scharlachroter Feuerkäfer *Pyrochroa coccinea*

FAM. FEUERKÄFER

Merkmale: Körperlänge 14-18 mm; Körper deutlich abgeflacht, Kopf schwarz, Halsschild und Flügeldecken leuchtend scharlachrot. VI-VII.
Vorkommen: An Waldrändern und auf Waldlichtungen ziemlich häufig.
Wissenswertes: Der markante Käfer ist im Sommer oft auf Doldenblüten zu beobachten. Seine stark abgeflachte, hellgelblich gefärbte Larve (kleines Bild) trägt an der Hinterleibsspitze 2 kräftige, schwarze Dorne. Man findet sie regelmäßig unter der Rinde abgestorbener Bäume, wo sie sich räuberisch von anderen Insektenlarven ernährt. Bei Nahrungsmangel dezimieren sich die Tiere oft auch gegenseitig. Ihre Entwicklung erstreckt sich über 2-3 Jahre. *Ähnlich:* Der etwas kleinere und viel seltenere **Rotköpfige Feuerkäfer** *Pyrochroa serraticornis* ist auch am Kopf rot.

Feldmaikäfer *Melolontha melolontha*

Merkmale: Körperlänge 20-30 mm; Halsschild meist schwarz, Flügeldecken braun, Hinterleibsseiten mit dreieckigen, weißen Haarflecken; Fühler beim ♂ (beide Bilder) mit einem großen, stets 7-blättrigen Fächer, beim ♀ mit 6 kurzen Blättchen; Hinterleibsspitze zu einem parallelseitigen, zungenförmigen Anhang ausgezogen. V-VI.

Vorkommen: An Waldrändern, auf Wiesen und in sonstigem offenem Gelände in manchen Jahren häufig bis sehr häufig.

Wissenswertes: Die Larve, der allbekannte Engerling, frisst unterirdisch an Pflanzenwurzeln und erweist sich bei Massenvermehrungen oft als Schädling an Kulturpflanzen. Da er 3-4 Jahre für seine Entwicklung benötigt, tritt die Art alle 3 oder 4 Jahre häufiger auf (»Maikäferjahre«). Dann richten vielfach auch die ausgewachsenen Käfer Schäden durch Kahlfraß an Bäumen an. Nachdem der Käfer kurz nach dem zweiten Weltkrieg intensiv mit dem Insektenvernichtungsmittel DDT bekämpft wurde, gingen die Bestände stark zurück, gleichzeitig wurden aber auch ihre Feinde, z.B. die Fledermäuse, empfindlich geschädigt. Nach dem DDT-Verbot nahm der Käfer zwar wieder zu, trat aber nicht mehr im gleichen Maße schädigend in Erscheinung.

Ähnlich: Der etwas seltenere **Waldmaikäfer** *Melolontha hippocastani* hat meist ein braunes Halsschild. Auch ein knopfartig erweiterter Fortsatz an der Hinterleibsspitze unterscheidet ihn vom Feldmaikäfer.

Walker *Polyphylla fullo*

Merkmale: Körperlänge 25-36 mm; Grundfärbung schwarz- oder rotbraun, Flügeldecken mit dichtem Muster weißer Filzflecke; Fühler des ♂ (großes Bild) am Ende mit aus 7 sehr langen Blättern zusammengesetztem Fächer, beim ♀ (kleines Bild) nur mit 5 ganz kurzen Blättchen. VII-VIII.

Vorkommen: In lockeren, sandigen Kiefernwäldern und auf mit Kiefern bewachsenen Sanddünen; fast überall selten, im Mittelmeergebiet etwas häufiger als in M.-EU.

Wissenswertes: Der schöne und auffallende Käfer wird auch dort, wo er zahlreich vorkommt, wegen seiner überwiegend nächtlichen Lebensweise nur selten beobachtet. Das Männchen trägt seine riesigen Fühlerblätter immer dicht übereinander liegend und spreizt sie nicht, wie etwa ein Maikäfer dies öfter tut, fächerartig auseinander. Da in den Fühlern der Geruchssinn lokalisiert ist, dürften diese überdimensionierten Organe ein Auffinden der Weibchen erleichtern. Die Larve entwickelt sich über mehrere Jahre unterirdisch an Graswurzeln. Der fertige Käfer verlässt seinen Entwicklungsort über eine fingerdicke, selbst gegrabene Röhre. Er sitzt in der späten Abenddämmerung in deren Mündung und beginnt zu »pumpen«, um die Flugmuskulatur auf die nötige »Betriebstemperatur« zu bringen. Dabei gibt er ein deutlich wahrnehmbares, pfeifendes Geräusch von sich und startet schließlich mit lautem Brummton in die Wipfel der benachbarten Kiefern. Er ernährt sich ausschließlich von Kiefernnadeln und nur die Weibchen kehren später noch zur Eiablage zum Erdboden zurück. Ansonsten entziehen sie sich wie die Männchen weitgehend der Beobachtung. Gelegentlich umkreisen sie aber künstliche Lichtquellen, z.B. Straßenlampen. **RL, §!**

Junikäfer *Amphimallon solstitialis*

FAMILIE BLATTHORNKÄFER

Merkmale: Körperlänge 14-18 mm; Färbung einheitlich gelbbraun, am ganzen Körper in der gleichen Färbung behaart. VI-VII.

Vorkommen: An Waldrändern, in Gärten und Parkanlagen ziemlich häufig.

Wissenswertes: Der J. fliegt in der Abenddämmerung und kann dabei dichte Schwärme bilden. Die dem Engerling des Maikäfers ähnlichen Larven entwickeln sich an Pflanzenwurzeln und können, z.B. an Zierrasen, Schäden anrichten.

Ähnlich: Beim **Schwarzbraunen Brachkäfer** *Amphimallon atrum* ist das Weibchen gelbbraun, das Männchen (Bild) schwarzbraun gefärbt. Die seltene Art lebt auf Trockenrasen und schwärmt nur vormittags. **RL**

Gartenlaubkäfer *Phyllopertha horticola*

FAMILIE BLATTHORNKÄFER

Merkmale: Körperlänge 8-12 mm; Körper dicht behaart, schwarz mit grünem Metallglanz, Flügeldecken rotbraun. VI-VII.

Vorkommen: An Waldrändern, auf Wiesen und in Gärten überall häufig.

Wissenswertes: Der G. ist oft scharenweise auf blühenden Pflanzen (besonders Rosen) anzutreffen, bei denen er die Staubgefäße benagt. Die bis 3 cm lange Larve entwickelt sich in 1-2 Jahren unterirdisch an Pflanzenwurzeln.

Ähnlich: Der **Mehlige Laubkäfer** *Hoplia farinosa* ist ebenfalls schwarzgrün mit braunen Flügeldecken. Sein ganzer Körper ist aber zunächst mit hellgrünen Schuppen bedeckt, die sich im Lauf der Zeit teilweise abreiben.

Rosenkäfer *Cetonia aurata*

FAMILIE BLATTHORNKÄFER

Merkmale: Körperlänge 14-20 mm; ganzer Käfer leuchtend goldgrün, Flügeldecken mit einem feinen Muster weißer Querlinien. V-X.

Vorkommen: An sonnigen Waldrändern und auf Trockenwiesen in den meisten Gegenden nicht selten; tritt auch in Gärten auf.

Wissenswertes: Der auffallende Käfer ist vor allem in den warmen Mittagsstunden regelmäßig auf blühenden Sträuchern, insbesondere auf Rosen, anzutreffen, wo er sich von den Staubgefäßen ernährt. Er kann sehr gut fliegt, klappt dabei aber im Gegensatz zu fast allen übrigen Käfern die Flügeldecken nicht auseinander. Diese zeigen an ihrem Außenrand eine schmale Aussparung, durch welche die häutigen Hinterflügel herausgeschoben werden können. Auf diese Weise ist der Käfer offenbar besonders schnell startklar, denn er fliegt bei Störungen meist viel plötzlicher davon, als man dies von seinen Verwandten kennt.

Seine recht plumpe Larve (linkes kleines Bild) entwickelt sich in morschem Holz oder im Erdboden an zerfallenden Pflanzenresten. Regelmäßig findet man sie auch in Komposthaufen, interessanterweise auch oft am Rand von Ameisennestern. Im Gegensatz zu wirklichen Ameisengästen hat sie aber offenbar keine direkte Beziehung zu den Ameisen, sondern wird hier lediglich geduldet. Sie bewegt sich normalerweise nicht mit ihren kurzen Beinen vorwärts, sondern dreht sich auf den Rücken und kriecht wie ein Regenwurm, indem sie die einzelnen Körperringe nacheinander zusammenzieht und wieder streckt. Zum Ende ihrer Entwicklung fertigt sie aus Bodenteilen einen hartschaligen, innen mit einem Sekret geglätteten Kokon, in dem die Verwandlung zur Puppe (rechtes kleines Bild) stattfindet. Meist überwintert der bereits geschlüpfte Käfer auch in diesem Kokon. **§!**

Nashornkäfer *Oryctes nasicornis*

Merkmale: Körperlänge 20-40 mm; Färbung glänzend rotbraun bis dunkelbraun, ♂ (Bild) mit langem, gebogenem Horn auf dem Kopf und kräftigem Quergrat im hinteren Teil des Halsschilds; ♀ mit kleinem Kopfhöcker und einer Mulde im vorderen Teil des Halsschilds. VI-VIII.

Vorkommen: Bei uns vorwiegend in Gärten und Parkanlagen oder in Sägewerken, ziemlich selten; in S-EU unter anderem in lichten Wäldern, hier gebietsweise recht häufig.

Wissenswertes: Der imposante Käfer gehört als einzige heimische Art in die heute vielfach als eigene Familie betrachtete Unterfamilie der Riesenkäfer *Dynastinae*, deren Männchen durch oft abenteuerliche Auswüchse an Kopf und Halsschild ausgezeichnet sind. Auch der südamerikanische Herkuleskäfer *Dynastes hercules*, mit über 15 cm Körperlänge einer der größten Käfer der Welt, zählt zu dieser Verwandtschaft. Die Länge der Auswüchse unterliegt beim N. starken individuellen Schwankungen; dabei weisen die größten Exemplare nicht nur die absolut, sondern auch im Verhältnis zur Körpergröße längsten Kopfhörner auf. Sehr kleine Männchen haben wie die Weibchen oft nur winzige Höcker und sind dann kaum von weiblichen Tieren zu unterscheiden.
Die bis über 10 cm lange Larve (kl. Bild) wächst in 3-5 Jahren meist in Sägemehl- oder Komposthaufen heran, wo durch Gärprozesse die für ihre Entwicklung nötige Wärme entsteht. Sie verpuppt sich in einer mit Sekret verfestigten Erdkapsel, die in Form und Größe etwa einem Hühnerei entspricht. Der vorwiegend nachtaktive Käfer wird oft von Straßenlampen und anderen Lichtquellen angezogen und umschwirrt diese dann mit lautem

Brummton. Nicht selten stößt er dabei gegen ein Hindernis, stürzt zu Boden, fällt auf den Rücken und hat große Schwierigkeiten, wieder auf die Beine zu kommen. **§!**

Waldmistkäfer *Geotrupes stercorosus*

Merkmale: Körperlänge 12-19 mm; kurz und breit gebauter Blatthornkäfer mit hoch gewölbtem Körper, schwarz gefärbt mit leicht blauem Glanz, Flügeldecken mit Längsfurchen. IX-VII.

Vorkommen: In Wäldern und an Waldrändern überall häufig.

Wissenswertes: Die überwiegend tagaktiven Käfer leben zur Fortpflanzungszeit (im Frühjahr und Sommer) in Einehe. Sie spüren nach der vom Wind verbreiteten Duftfahne einen Kothaufen (neben Tierkot mit besonderer Vorliebe auch Menschenkot) auf und beginnen in gemeinsamer Arbeit dicht daneben einen Stollen ins Erdreich zu graben. Es entsteht ein schräger Hauptstollen von etwa 10 cm Tiefe, von dem eine Reihe von Seitengängen abzweigen. Diese werde auf jeweils etwa 10 cm Länge mit Kot vollgestopft und mit je 1 Ei belegt. Die daraus schlüpfenden Larven fressen von dem Kotvorrat. Im Herbst arbeiten sich die Jungkäfer zur Bodenoberfläche empor, wo sie sich von Kot, aber auch von faulenden Pilzen oder Tierleichen ernähren. Sie legen sich, ohne dabei mit einem Partner zu kooperieren, kurze Nahrungsröhren an, in denen sie jeweils für einige Tage Proviant deponieren. Erst nach der Überwinterung werden sie geschlechtsreif.

Ähnlich: Einige weitere *Geotrupes*-Arten unterscheiden sich vor allem in der Fortpflanzungszeit (Frühjahr, Spätherbst) sowie in der Gestalt ihrer Brutbaue.
Erwähnenswert ist auch der **Stierkäfer** *Typhaeus typhoeus*, dessen Weibchen sehr ähnlich aussieht wie der Waldmistkäfer, dessen Männchen (Bild unten) aber auf dem Halsschild 3 nach vorn gerichtete Hörner trägt. Er kommt nur in Sandgebieten (z.B. recht häufig in der Lüneburger Heide) vor und gräbt bis zu 1,50 m tiefe Brutstollen, die er vorzugsweise mit Kaninchen- und Schafdung bestückt. Der Käfer ist nicht selten bereits an milden Wintertagen zu beobachten. **§!**

Hirschkäfer *Lucanus cervus*

Merkmale: Mit 25-75 mm Körperlänge der größte heimische Käfer; schwarz mit rotbraunen Flügeldecken, Fühler gekniet, letzte Glieder zu einem Fächer erweitert; ♂ (großes Bild) mit geweihförmig vergrößerten, ♀ (kleines Bild oben) mit normalen Oberkiefern. V-VIII.

Vorkommen: In Eichenwäldern und Parkanlagen; heute fast überall selten geworden.

Wissenswertes: Vor allem die Männchen dieses Käfers beeindrucken durch ihre Größe und die zu mächtigen Zangen entwickelten Oberkiefer. Diese werden als Waffen im Kampf um die Weibchen verwendet, taugen aber nicht mehr zur Nahrungsaufnahme. Die Käfer ernähren sich von austretenden Baumsäften, die mit den pinselförmig umgebildeten übrigen Mundteilen aufgeleckt werden. Nur die Weibchen können ihre Kiefer noch dazu verwenden, etwa Wunden an Baumstämmen zu vergrößern, um so den Saftfluss zu verbessern. Nicht selten gesellen sich sofort Männchen zu ihnen, um an der nun reicher sprudelnden Quelle teilzuhaben (➪ S.84/85).
Das Weibchen gräbt sich nach der Paarung in den Boden ein und legt seine Eier an die Wurzeln morscher Eichen, seltener auch anderer Laubbäume. Die Larvenentwicklung dauert 5-8 Jahre, wobei die engerlingsähnliche Larve eine Länge von 12 cm erreichen kann. Sie verpuppt sich in einer bis zu faustgroßen Höhlung im Erdreich. In S-EU entstehen in einer wesentlich kürzeren Entwicklungszeit deutlich kleinere Käfer als in M.-EU, was besonders bei den Männchen auffällt, die dort auch viel kleinere Kiefer tragen. **RL, §!**

Balkenschröter *Dorcus parallelepipedus*

FAMILIE HIRSCHKÄFER

Merkmale: Körperlänge 19-32 mm; Färbung tiefschwarz, Kopf beim ♂ (Bild) kaum schmäler als das Halsschild, mit großen Oberkiefern, beim ♀ Kopf schmäler und mit kleineren Kiefern. V-VIII.

Vorkommen: In meist etwas feuchten Laubwäldern; gebietsweise nicht selten.

Wissenswertes: Die bis zu 6 cm lange, rotköpfige Larve (kleines Bild unten) entwickelt sich in weißfaulem, morschem Holz verschiedener Laubbäume, vor allem in solchem von Buchen, Eichen, Birken und Obstbäumen. Wie alle Hirschkäferlarven besitzt sie ein Stridulationsorgan, mit dem sie zirpende Töne erzeugen kann. Es setzt sich aus einer Reibplatte an der Rückseite des Hüftglieds vom Mittelbein und einer gezähnten Leiste vorn am Schenkelring des Hinterbeins zusammen. Ein derartiges Organ fehlt den ansonsten sehr ähnlichen Engerlingen der Blatthornkäfer. **§!**

Rehschröter *Platycerus caraboides*

FAMILIE HIRSCHKÄFER

Merkmale: Körperlänge 9-13 mm; metallisch grün oder blau, an einen Laufkäfer erinnernd, doch an der typischen Fühlerform (mit 4-gliedrigem Fühlerfächer) gut als Hirschkäfer zu erkennen. V-VII.

Vorkommen: Vor allem in Laubwäldern, daneben aber auch in Parks und Gärten; in den meisten Gegenden nicht selten.

Wissenswertes: Die Larve entwickelt sich in morschem Holz, z.B. in Stümpfen oder am Boden liegenden Ästen von Laubbäumen, seltener auch von Nadelbäumen. **§!**

Ähnlich: Der seltene, vor allem als Weibchen (Bild) ähnliche **Rindenschröter** *Ceruchus chrysomelinus* hat einen nur 3-gliedrigen Fühlerfächer. Das Männchen besitzt stark vergrößerte Kiefer. Die Larve entwickelt sich in rotfaulem Laub- und Nadelholz. **RL, §!**

Mulmbock *Ergates faber*

FAMILIE BOCKKÄFER

Merkmale: Mit 25-60 mm Körperlänge der größte heimische Bockkäfer; dunkelbraun, Halsschild seitlich mit mehreren Zähnchen, Fühler beim ♂ mehr als körperlang, beim ♀ (Bild) etwa bis zur Flügelmitte reichend. VII-IX.

Vorkommen: In Kiefernwäldern, meist an etwas offenen Stellen; überall selten, nur im östlichen M.-EU etwas häufiger.

Wissenswertes: Der in der Dämmerung und nachts aktive Käfer hält sich tagsüber meist in den Fraßgängen seiner Larven verborgen. Diese entwickeln sich vorzugsweise in kräftigen, schon etwas verwitterten Kiefernstümpfen, manchmal auch in Fichten, niemals jedoch in lebenden Bäumen. Man erkennt die Brutstätten dieses Käfers leicht an den etwa daumendicken, senkrecht-ovalen Schlupflöchern. Die Entwicklung der bis zu 10 cm langen Larven erstreckt sich über mehrere Jahre. Die Puppe ruht am Ende des Fraßgangs dicht unter der Holzoberfläche. **RL, §!**

Alpenbock *Rosalia alpina*

FAMILIE BOCKKÄFER

Merkmale: Körperlänge 15-38 mm; mit dichtem, blaugrauem bis leuchtend hellblauem Haarfilz, der auf den Flügeldecken schwarze Flächen freilässt; Fühler beim ♂ (gr. Bild) fast doppelt körperlang, beim ♀ (kl. Bild oben) etwa körperlang. VII-IX.

Vorkommen: In Bergwäldern der Alpen und der Schwäbischen Alb; überall sehr selten.

Wissenswertes: Die Larve entwickelt sich fast ausnahmslos in Buchenholz. Das Weibchen legt seine Eier gern in liegende Stämme oder Holzklafter. Wegen der mehrjährigen Entwicklung haben die Larven dort aber kaum Überlebenschancen. **RL, §!**

Heldbock *Cerambyx cerdo*

FAMILIE BOCKKÄFER

Merkmale: Körperlänge 24-53 mm; schwarzbraun mit helleren Spitzen der Flügeldecken; Halsschild stark runzelig skulpturiert, seitlich mit spitzem Dorn, Körper nach hinten deutlich verschmälert; Fühler beim ♂ (Bild) deutlich mehr als körperlang, beim ♀ etwa so lang wie dieser. V-VIII.

Vorkommen: In Wäldern und Parkanlagen mit alten Eichen, besonders in Auwäldern, überall in der letzten Zeit sehr selten geworden.

Wissenswertes: Dieser imposante Käfer gehört zu den eindrucksvollsten heimischen Käfergestalten. Er hält sich tagsüber meist in den Fraßgängen seiner Larven verborgen und verlässt diese erst in der späten Dämmerung. Zur Nahrungsaufnahme sucht er vorzugsweise blutende Eichenstämme auf, deren Saft er aufleckt. Man kann den Käfer relativ leicht mit stark riechenden alkoholischen Mixturen (z.B. mit einem Gemisch aus Rotwein und Zucker) anlocken, die man auf die Stämme streicht.

Die Larven entwickeln sich im Lauf von 3-5 Jahren in den Stämmen starker, alter Eichen, deren Holz sie durch ihre Fraßgänge weitgehend unbrauchbar machen. Die befallenen Eichen sterben aber gewöhnlich nicht ab, sondern sind über Jahrzehnte als »Heldbockeichen« gezeichnet. Da sie von den Käfern immer wieder benutzt werden, entstehen z.T. völlig durchlöcherte Baumveteranen, die oft schon von weitem zu erkennen sind. **RL, §!**

Ähnlich: Der deutlich kleinere (17-28 mm) **Buchenspießbock** *Cerambyx scopolii* ist tiefschwarz gefärbt, ansonsten aber so etwas wie der kleinere Doppelgänger des Heldbocks. Er entwickelt sich in verschiedenen Laubbäumen, oft auch in Obstbäumen, und ist gebietsweise noch relativ häufig anzutreffen. **§!**

Moschusbock *Aromia moschata*
FAMILIE BOCKKÄFER

Merkmale: Körperlänge 13-35 mm; Grundfärbung grün, blau oder kupfern metallisch, Halsschild mit Höckern und jederseits einem spitzen Dorn. VI-VIII.
Vorkommen: In Feuchtgebieten mit Weidengebüschen oder Kopfweidenbeständen, auch an Trockenstandorten mit alten Weiden; früher überall ziemlich häufig, inzwischen vielerorts selten.
Wissenswertes: Der schöne Käfer ist manchmal in größerer Anzahl an seinen Brutbäumen, vor allem alten Kopfweiden, zu finden. Gelegentlich besucht er auch Doldenblüten. Aus Drüsen im Bereich der Hinterbrust kann er ein stark nach Moschus riechendes Sekret absondern.
Die Larven leben im Stamm oder in den Ästen meist älterer Weiden, ausnahmsweise auch in Pappeln oder Erlen. Sie benötigen mehrere Jahre für ihre Entwicklung. Da die Art vorzugsweise lebendes Holz befällt, galt sie früher als Schädling. Angesichts ihrer Seltenheit ist der Schaden allerdings inzwischen zu vernachlässigen. **§!**

Hausbock *Hylotrupes bajulus*
FAMILIE BOCKKÄFER

Merkmale: Körperlänge 8-22 mm; Körperform relativ breit und flach, Oberseite dunkelbraun mit mehr oder weniger dichter, grauer Behaarung, die auf den Flügeldecken 2 (oft undeutliche) Querbinden bildet. VI-VII.
Vorkommen: In Nadelwäldern nicht selten, inzwischen aber viel häufiger im Gebälk von Häusern.
Wissenswertes: Der H. ist der wirtschaftlich bedeutendste Schädling unter den Bockkäfern. Seine Larve entwickelt sich in totem, trockenem Nadelholz, vor allem in solchem, das bereits verarbeitet ist, z.B. im Dachstuhl von Häusern. Sie stellt im Lauf ihrer Entwicklung dicht unter der Holzoberfläche einen langen, gewundenen Gang her, über dem eine oft nur papierdünne Holzschicht unangetastet bleibt. Die geschlüpften, völlig unauffälligen Käfer werden im Haus meist nicht besonders registriert und können sich dann oft unerkannt weiter vermehren, bis eines Tages der Dachstuhl zusammenbricht.

Schrot-Zangenbock *Rhagium mordax*
FAMILIE BOCKKÄFER

Merkmale: Körperlänge 13-22 mm; Halsschild beidseits mit spitzem Seitendorn, Fühler ziemlich kurz, Oberseite gelblich grau mit feiner, dunkler Fleckung, seitlich in der Mitte der Flügeldecken jeweils ein schwärzlicher Fleck, davor und dahinter eine undeutliche, gelbe Querbinde. V-VIII.
Vorkommen: An Waldrändern und Lichtungen fast überall ziemlich häufig.
Wissenswertes: Der Käfer ist oft beim Blütenbesuch zu beobachten. Seine Larve entwickelt sich unmittelbar unter der Rinde abgestorbener Bäume, vorwiegend an Laub-, seltener auch an Nadelbäumen. Am Ende der zweijährigen Entwicklung verpuppt sie sich in einer geräumigen Puppenkammer, die ringsum von länglichen Nagespänen umgeben ist und an ein Vogelnest erinnert (kleines Bild). Der fertige Käfer schlüpft noch im Herbst und überwintert erst einmal in dieser Kammer.

Kleiner Kurzdeckenbock *Molorchus minor*
FAMILIE BOCKKÄFER

Merkmale: Körperlänge 6-16 mm; Flügeldecken stark verkürzt, braun mit weißlichem, kommaförmigem Streifen, Hinterflügel weitgehend freiliegend; Schenkel deutlich keulenförmig verdickt; Fühler beim ♂ (Bild) viel länger, beim ♀ nur ein wenig länger als der Körper. V-VII.
Vorkommen: Auf Waldlichtungen, entlang von Waldwegen und an Waldrändern nicht selten.
Wissenswertes: Der recht gut fliegende Käfer hält sich im Gebüsch oder auf blühenden Pflanzen auf. Seine Larve entwickelt sich ausschließlich in totem Nadelholz, meist in dürren Ästen oder im Stamm abgestorbener Jungpflanzen. Sie stellt ihren Fraßgang dicht unter der Rinde her, bohrt sich zur Verpuppung aber tiefer ins Holz hinein.

Ähnlich: Der sehr seltene **Große Wespenbock** *Necydalis major* besitzt ebenfalls stark verkürzte Flügeldecken, jedoch ohne weiße Zeichnung. Außerdem wird er deutlich größer (bis 32 mm). Die Larve entwickelt sich im Holz verschiedener Laubbäume. **RL! §!**

Kleiner Schmalbock *Strangalia melanura*

FAMILIE BOCKKÄFER

Merkmale: Körperlänge 6-9 mm; auffallend schmal, Flügeldecken beim ♂ gelbbraun mit schwarzem Mittelstreifen und schwarzer Spitze, beim ♀ (Bild) rot, ebenso gezeichnet. V-IX.
Vorkommen: An Waldrändern und auf Waldlichtungen überall recht häufig.
Wissenswertes: Dieser kleine Bockkäfer ist oft auf blühenden Pflanzen, z.B. auf Doldengewächsen oder Brombeersträuchern, zu beobachten. Seine Larve entwickelt sich meist in dürren, am Boden liegenden Zweigen von Laub- oder Nadelbäumen. Die Entwicklung dauert 2 Jahre.

Gewöhnlicher Widderbock *Clytus arietis*

FAMILIE BOCKKÄFER

Merkmale: Körperlänge 7-14 mm; Flügeldecken schwarz mit leuchtend gelber Bindenzeichnung, darunter im vorderen Teil jederseits ein nach Art eines Widderhorns gebogener Streifen; Fühler braun mit dunklen, etwas verdickten Spitzen. V-VII.
Vorkommen: An Waldwegen und Waldrändern überall ziemlich häufig.
Wissenswertes: Der recht scheue Käfer ist oft auf Totholz oder blühenden Pflanzen zu beobachten. Seine Larve lebt vorzugsweise in abgestorbenen Buchenzweigen.
Ähnlich: Bei dem deutlich selteneren *Clytus rhamni* sind die Fühler ganz hellbraun gefärbt.

Erdbock *Dorcadion fuliginator*

FAMILIE BOCKKÄFER

Merkmale: Körperlänge 10-15 mm; tritt in 3 Farbformen auf: die Flügeldecken können einfarbig hellgrau, braun mit grauen Streifen (Bild) oder auch ganz schwarz sein. IV-VI.
Vorkommen: In lückig mit Gras bewachsenen Lebensräumen, vor allem auf stark beweideten Trockenrasen; nur im südlichen D bis Thüringen, aber auch dort überall selten.
Wissenswertes: Der flugunfähige E. hält sich stets am Boden auf. Seine Larve entwickelt sich unterirdisch an Graswurzeln. Die verschiedenen Färbungsformen des Käfers können am gleichen Fundort nebeneinander auftreten, meist dominiert aber jeweils eine Färbungsvariante. **RL, §!**

Gefleckter Schmalbock *Strangalia maculata*

FAMILIE BOCKKÄFER

Merkmale: Körperlänge 14-20 mm; sehr schmal gebaut, Flügeldecken gelb, vorn mit schwarzen Flecken, dahinter mit schwarzen Querbinden, Fühler gelb geringelt. V-VIII.
Vorkommen: Auf Waldlichtungen und an Waldrändern fast überall häufig; einer der häufigsten Bockkäfer.
Wissenswertes: Der Käfer besucht regelmäßig blühende Sträucher und Doldenblüten. Die Larve entwickelt sich vor allem in morschen Baumstümpfen, vorzugsweise von Laub-, seltener auch von Nadelbäumen.

Eichenwidderbock *Plagionotus arcuatus*

FAMILIE BOCKKÄFER

Merkmale: Körperlänge 8-20 mm; Gestalt kräftig, Beine und Fühler gelbrot, ansonsten am ganzen Körper leuchtend gelbe Bindenzeichnungen. V-VII.
Vorkommen: Vorwiegend an lichten Stellen in Eichenwäldern; in den meisten Gegenden durchaus nicht selten.
Wissenswertes: Der auffallende, aber ziemlich scheue Käfer besucht keine Blüten, sondern ist nur an seinen Brutbäumen zu beobachten. Er entwickelt sich fast ausschließlich in Eichenholz, besonders in liegenden, noch berindeten Stämmen. Bei der Eiablage wird das Weibchen vom Männchen begleitet (Bild).

Grüner Walzenhalsbock *Phytoecia coerulea*

FAM. BOCKKÄFER

Merkmale: Körperlänge 6-12 mm; am ganzen Körper grün bis grau filzig behaart, Kopf und Halsschild oberseits mit 3 hellen Längsbinden gezeichnet. V-VII.
Vorkommen: An warmen, trockenen Orten, vor allem auf Trockenrasen und Schafweiden; im südlichen D gebietsweise ziemlich häufig, nach N zu deutlich seltener.
Wissenswertes: Der ziemlich flugtüchtige, scheue Käfer ist meist auf Raublattgewächsen, den Entwicklungspflanzen seiner Larven, anzutreffen. Die Larven wachsen vorzugsweise in den Wurzelstöcken und Stängeln von Natternkopf, Hundszunge und Steinsame heran. **§!**

Kleiner Pappelbock *Saperda populnea*

FAMILIE BOCKKÄFER

Merkmale: Körperlänge 9-15 mm; Fühler etwa körperlang, grau-schwarz geringelt, Kopf und Halsschild dunkel mit gelblichen Längsbinden, Flügeldecken fein gelb und grau gefleckt, außerdem jeweils mit 4-5 etwas größeren, in einer gebogenen Längsreihe angeordneten, gelblichen Flecken. V-VI.

Vorkommen: An Waldrändern und Waldwegen allgemein verbreitet.

Wissenswertes: Der Käfer zeigt ein höchst bemerkenswertes Verhalten bei der Eiablage. Das Weibchen nagt zunächst eine bogenförmige Schnittfigur in Form eines halben Hufeisens sowie einige Querfurchen in den Zweig einer Zitterpappel, seltener einer anderen Pappel- oder Weidenart. Dann stellt es spiegelbildlich hierzu den zweiten Schenkel des Hufeisens und weitere Querfurchen, am Ende schließlich ein tieferes Loch am Treffpunkt der beiden Hufeisen-Schenkel her (linkes großes Bild). Durch dieses Loch schiebt es seine Legeröhre unter die Rinde, um dort ein Ei

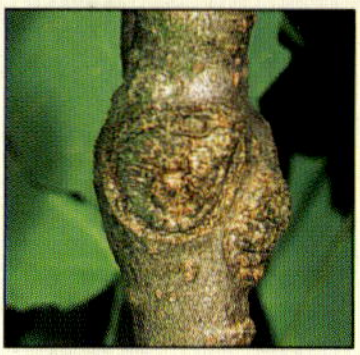

zu deponieren (rechtes großes Bild). Die Schnittfigur führt zur Bildung von Wundkallus, der der Larve als erste Nahrung dient. Später bohrt sich die Larve tiefer in das Holz hinein, ihre Fraßtätigkeit bewirkt eine gallenartige, knotenförmige Anschwellung des Zweiges (kleines Bild). Da die Larvenentwicklung meist zweijährig ist, erscheint der Käfer an seinen Fundorten alle 2 Jahre häufiger.

Ähnlich: Beim deutlich größeren (20-30 mm) und selteneren **Großen Pappelbock** *Saperda carcharias* ist die gesamte Oberseite gleichmäßig hell-dunkel gesprenkelt.

Rothalsiger Linienbock *Oberea oculata*

FAMILIE BOCKKÄFER

Merkmale: Körperlänge 15-21 mm; Körper auffallend schmal, Fühler, Kopf und Flügeldecken grau, übriger Körper mit Beinen und Halsschild rot, letzteres mit 2 auffallenden, schwarzen Punkten. VI-IX.

Vorkommen: An Waldrändern und Waldwegen weit verbreitet, doch fast überall nur in geringer Individuenzahl.

Wissenswertes: Dieser hübsche, mittelgroße Bockkäfer besucht keine Blüten, sondern ernährt sich von Rinde und Laub seiner Entwicklungspflanzen, Salweiden und anderen Weidenarten. Bei der Eiablage zeigt das Weibchen ein ähnliches Verhalten wie das des Kleinen Pappelbocks: Es nagt in Weidenzweige 2 parallele Reihen regelmäßiger Querfurchen, die voneinander durch einen knapp 0,5 mm breiten Streifen unverletzter Rinde getrennt sind, sowie darunter ein Loch, durch das es die Legeröhre unter die Rinde schiebt. Durch das Nagen bildet sich Wundkallus, der später die Rinde beiderseits der Querfurchenreihen bis hin zum Eiloch aufreißen lässt. Schließlich entsteht eine ganz ähnliche, hufeisenförmige Wundfigur wie beim Kleinen Pappelbock. Das Wundgewebe dient der Larve als Erstlingsnahrung. Schon wenige Tage nach dem Schlupf arbeitet sich die Larve weiter ins Holz des Zweiges vor und frisst dann im Lauf ihrer zweijährigen Entwicklung einen etwa 50 cm langen Gang in Richtung Stamm. Von Zeit zu Zeit stellt sie zur Oberfläche führende Abzweigungen her, durch die sie das anfallende Bohrmehl auswirft. Am Schluss erweitert sie den Gang zur Puppenwiege und nagt von dort ein Schlupfloch, das sie aber zunächst wieder mit Spänen verstopft.

Ähnlich: Der seltene **Schwarzfüßige Walzenhalsbock** *Phytoecia nigripes* besitzt exakt das gleiche Färbungsmuster, nur sind bei ihm die Fußglieder dunkel und die Körperform deutlich breiter. Er entwickelt sich in Stängeln und Wurzeln von Doldengewächsen. **RL, §!**

Kartoffelkäfer *Leptinotarsa decemlineata*

FAMILIE BLATTKÄFER

Merkmale: Körperlänge 7-11 mm; Kopf und Halsschild orange mit schwarzen Flecken, Flügeldecken gelb mit schwarzen Längsbinden. Ganzjährig.
Vorkommen: Auf Ackerland und in Gärten zeitweise sehr häufig.
Wissenswertes: Der K. ist ein gefürchteter Schädling im Kartoffelanbau. Ursprünglich war er in den amerikanischen Rocky Mountains heimisch, wo er an einem Nachtschattengewächs lebte. Erst mit dem aufkommenden Kartoffelanbau entdeckte er diese Nutzpflanze für sich und breitete sich schnell über den ganzen nordamerikanischen Kontinent aus. Ab 1877 trat er dann auch in M.-EU auf, konnte sich hier aber zunächst aufgrund intensiver Bekämpfungsmaßnahmen nicht recht ausbreiten. Erst in den 30er-Jahren des 20. Jh. begann er bei uns seinen Siegeszug, kurz nach dem 2. Weltkrieg war er bis ins östlichste Deutschland vorgedrungen. Die schnelle Ausbreitung erklärt sich wie bei vielen Neozoen (so bezeichnet man Tiere, die sich in fremden Gebieten etablieren) mit dem Fehlen natürlicher Feinde. Als solche wären z.B. spezielle Schlupfwespen oder parasitische Fliegen vorstellbar, die den Käfer normalerweise dezimieren würden, aber den Sprung über den Atlantik nicht mitvollzogen haben. Mittlerweile haben aber einige bei uns heimische Tierarten, z.B. verschiedene Laufkäfer und große Heuschrecken, begonnen, die für fast alle sonstigen Räuber ungenießbaren Larven zu vertilgen.
Der K. erscheint jährlich in 1-2 Generationen. Jedes Weibchen legt etwa 500-2500 leuchtend gelbe Eier, verteilt auf mehrere Gelege (kleines Bild) an den Blattunterseiten der Kartoffelpflanze ab. Die rötlichen Larven (rechtes großes Bild) fressen die Kartoffelblätter. Bei massivem Befall können sie gemeinsam mit den ausgewachsenen Käfern ganze Kartoffeläcker vollkommen kahl fressen.

Pappelblattkäfer *Melasoma populi*

FAMILIE BLATTKÄFER

Merkmale: Körperlänge 10-12 mm; schwarz mit grünem Metallglanz, Flügeldecken leuchtend rot, ihre Spitzen am Nahtwinkel schwarz. Ganzjährig.
Vorkommen: An Wald- und Wegrändern überall sehr häufig.
Wissenswertes: Das Weibchen heftet seine gelben Eier in dichten Gruppen an die Unterseite von Pappel- oder Weidenblättern. Die Larven sind weißlich gelb gefärbt mit schwarzen, knopfartigen Warzen. Sie sondern bei Beunruhigung ein nach Karbol riechendes Sekret ab. Die Verpuppung findet unter einem Blatt der Futterpflanze statt. Dabei bleibt die Puppe mit ihrem Hinterende in der alten Larvenhaut. Pro Jahr treten 2 Generationen auf. Die fertigen Käfer überwintern.

Ähnlich: Die beiden etwas selteneren, nahe verwandten Arten *Melasoma saliceti* und *M. tremulae* sind sehr ähnlich gefärbt, bei ihnen sind aber die Flügeldecken bis zur Spitze rot. Sie bleiben mit 6-10 mm Körperlänge außerdem etwas kleiner.

Schildkäfer *Cassida rubiginosa*

FAMILIE BLATTKÄFER

Merkmale: Körperlänge 6-8 mm; Halsschild und Flügeldecken gemeinsam zu einem flachen Schild verbreitert, unter dem der Körper weitgehend verborgen bleibt; oberseits leuchtend grün mit unscharf begrenzten, bräunlichen Flecken um das Schildchen. VI-VIII.
Vorkommen: Auf Wiesen und an Wegrändern überall ziemlich häufig, besonders an etwas feuchten Stellen.
Wissenswertes: Der Käfer lebt auf Disteln und anderen krautigen Pflanzen, wo er hervorragend getarnt ist. Zur Fortbewegung schiebt er Beine und Fühler unter dem Schild hervor, bei Gefahr zieht er sie aber sofort wieder zurück. Seine stark bestachelte, hellgrüne Larve (kleines Bild) stellt sich aus ihren Häutungsresten und Kotpartikeln eine »Tarnkappe« her, die sie ständig auf der nach vorn umgeklappten Schwanzgabel mit sich umherträgt.

Tatzenkäfer *Timarcha tenebricosa*

FAMILIE BLATTKÄFER

Merkmale: Mit 15-20 mm Körperlänge der größte heimische Blattkäfer; schwarz mit bläulichem Schimmer, Fußglieder ungewöhnlich verdickt. III-VII.

Vorkommen: An warmen, trockenen Stellen, vor allem auf Trockenrasen; im südlichen und mittleren D nicht selten.

Wissenswertes: Der auffallend plumpe, flugunfähige Käfer ist oft bereits an den ersten warmen Vorfrühlingstagen zu beobachten. Bei Störungen, etwa bei Berührung, würgt er zur Abwehr einen orangeroten, giftigen Flüssigkeitstropfen hervor. Das Weibchen legt im Sommer die Eier an Labkraut ab. Die Larven schlüpfen erst im darauf folgenden Frühjahr. Sie sind auffallend groß (bis etwa 20 mm) und plump (kl. Bild). Bevor sie sich im Boden verpuppen, scheinen sie ein weiteres Mal zu überwintern.

Fallkäfer *Cryptocephalus sp.*

FAMILIE BLATTKÄFER

Merkmale: Körperlänge 4-6 mm; stark goldgrün glänzend, Gestalt durch den unter das Halsschild zurückgezogenen Kopf buckelig wirkend. V-VIII. Viele schwer unterscheidbare Arten, einige auch mit gelben oder roten, z.T. gefleckten Flügeldecken.

Vorkommen: Auf Trockenwiesen und an Wegrändern ziemlich häufig.

Wissenswertes: Die Käfer sind oft zu mehreren auf gelben Korbblütlern anzutreffen. Schon bei der leichtesten Erschütterung lassen sie sich fallen und sind dann im Gras nicht mehr zu finden. Das Weibchen umhüllt die Eier bei der Ablage mit kleinen Kotblättchen. Die Larve fertigt aus diesem Kot ein festes Gehäuse, das sie später durch eigene Kotpartikel weiter vergrößert (kleines Bild). Sie ernährt sich von welkenden Pflanzenteilen.

Ameisen-Sackkäfer *Clytra laeviuscula*

FAMILIE BLATTKÄFER

Merkmale: Körperlänge 7-11 mm; Körper glänzend schwarz, Flügeldecken gelbrot mit schwarzem Punkt und breiter, in der Mitte unterbrochener Querbinde. V-VIII.

Vorkommen: An sonnigen Waldrändern und auf Trockenrasen nicht selten.

Wissenswertes: Der Käfer ernährt sich von Blättern krautiger und strauchiger Pflanzen. Das Weibchen verpackt seine Eier einzeln in ein aus Kotschüppchen geformtes, tannenzapfenartiges Gebilde (Bild) und lässt dieses in der Nähe eines Waldameisennests fallen. Die Ameisen halten es offenbar für geeignetes Baumaterial und tragen es zum Nesthaufen. Die kurz darauf schlüpfende Larve fertigt sich aus den Kotpartikeln ein festes Gehäuse (kl. Bild) und ernährt sich von der Ameisenbrut. Bei Gefahr zieht sie sich in ihr Gehäuse zurück und verschließt die Öffnung durch ihre gepanzerte Kopfkapsel.

Schilfkäfer *Donacia sp.*

FAMILIE BLATTKÄFER

Merkmale: Körperlänge 7-12 mm; sehr schmaler, grün oder kupfern glänzender Blattkäfer. V-VIII. Zahlreiche schwer unterscheidbare Arten.

Vorkommen: An Gewässerufern häufig.

Wissenswertes: Die ein wenig an Bockkäfer erinnernden Tiere sieht man oft scharenweise auf Uferpflanzen. Ihre Larven entwickeln sich unter Wasser im Innern von Pflanzenstängeln. Die einzelnen Arten der Gattung sind dabei jeweils auf bestimmte Pflanzen spezialisiert, etwa auf Seerosen, Laichkraut oder Rohrkolben. Sie zapfen in den Pflanzen die Luftkanäle an und versorgen sich auf diese Weise mit dem nötigen Sauerstoff.

Ähnlich: Der auf Seerosenblättern häufige, ebenfalls ziemlich schlanke **Seerosen-Blattkäfer** *Galerucella nymphaeae* ist gelbbraun und grau gefärbt.

Buchdrucker *Ips typographus*

Merkmale: Körperlänge 4-5 mm; dunkelbraun und deutlich behaart, Körperform zylindrisch, Kopf schräg nach unten gerichtet, am Hinterende eine schräg abgestutzte, jederseits von 4 Zähnen begrenzte Fläche. V-VII.

Vorkommen: In Fichtenwäldern mit kränkelnden Bäumen meist häufig.

Wissenswertes: Der B. gehört zu den besonders gefürchteten Forstschädlingen. Er brütet allerdings so gut wie ausschließlich in bereits stark geschädigten oder schon abgestorbenen Fichten, seltener auch in Kiefern. Das Männchen nagt sich im Frühjahr durch die Rinde hindurch und stellt darunter einen kurzen Gang her, der sich am Ende zur geräumigen »Rammelkammer« erweitert. Anschließend lockt es durch Absonderung besonderer Duftstoffe (Pheromone) 1-3 Weibchen herbei, mit denen es sich in der Rammelkammer paart. Danach nagt jedes Weibchen von der Rammelkammer aus einen bis zu 15 cm langen Muttergang, nach Möglichkeit in Faserrichtung des Holzes. Bei 2 Weibchen kommt es daher zu 2 entgegengesetzten, bei 3 zu etwa y-förmig angeordneten Muttergängen. Jeder Muttergang hat 2-4 »Luftlöcher«, durch die das anfallende Bohrmehl ausgeworfen wird. Jedes Weibchen legt über seinen Muttergang verteilt 30-60 Eier einzeln in Nischen ab. Die Larven fressen sich, von ihren Einischen ausgehend, durch die Bastschicht und vermeiden dabei, die Gänge der benachbarten Larven zu berühren (rechtes kl. Bild). Auf diese Weise entsteht schließlich das ornamentale, für den Baum aber bei stärkerem Befall meist tödliche Fraßbild (linkes kleines und rechtes großes Bild). Jährlich entwickeln sich 2, seltener 3 Käfergenerationen.

Kupferstecher *Pityogenes chalcographus*

FAMILIE BORKENKÄFER

Merkmale: Körperlänge um 2 mm; Käfer etwas schlanker als der Buchdrucker, an der Stutzfläche jederseits mit 3 Zähnen. VII-V.

Vorkommen: In nicht mehr gesunden Fichtenwäldern fast überall häufig.

Wissenswertes: Der K. brütet mehr im Wipfelbereich und in den Ästen von kränkelnden Fichten, daher fällt ein Befall mit diesem Käfer weniger stark auf. Auch bei dieser Art beginnt das Männchen mit der Herstellung der Rammelkammer, lockt sich dann aber 3-6 Weibchen herbei. Diese legen anschließend ihre Muttergänge sternförmig in alle Richtungen an. Die einzelnen Muttergänge sind etwa 6 cm lang und meist sichelförmig gebogen. Das Fraßbild erscheint daher sternförmig (Bild). Die Art entwickelt 2 Generationen im Jahr. Die Käfer schwärmen in der ersten Generation im VII/VIII; ihre Nachkommen überwintern, um dann im IV auszufliegen.

Birkensplintkäfer *Scolytus ratzeburgi*

FAMILIE BORKENKÄFER

Merkmale: Mit 4-7 mm Körperlänge ein auffallend großer Borkenkäfer, Färbung dunkelbraun, Hinterende nicht abgestutzt. V-VII.

Vorkommen: An etwas feuchten Wald- und Wegrändern mit Birken meist häufig.

Wissenswertes: Der Käfer befällt meist kränkelnde Birken, geht aber bei starker Vermehrung gelegentlich auch an gesunde Bäume. Ein Befall fällt zunächst durch eine 5-15 cm lange, senkrechte Reihe regelmäßig angeordneter Luftlöcher auf. Unter ihnen verbirgt sich der Muttergang, vom dem aus zahlreiche Larvengänge zunächst quer, dann aber mehr und mehr in Faserrichtung abzweigen. Bei stärkerem Befall kommt es zum Absterben des Brutbaums. Nach dem Abfallen der Rinde wird schließlich das ausgesprochen dekorative Fraßbild sichtbar. Der Käfer bildet nur 1 Generation im Jahr.

Ähnlich: Der **Große Ulmensplintkäfer** *Scolytus scolytus* hat rotbraune Flügeldecken. Er befällt Ulmen und infiziert sie dabei oft mit einem Pilz, dem Erreger des Ulmensterbens.

Haselnussbohrer *Curculio nucum*

Merkmale: Körperlänge 6-9 mm; Rüssel sehr dünn, beim ♀ (beide Bilder) fast so lang wie der restliche Körper, beim ♂ deutlich kürzer; ganzer Körper mit anliegenden, bräunlichen Schuppen bedeckt, beschuppte Fläche des Schildchens quadratisch. V-VII.

Vorkommen: In Laubwäldern, vor allem aber in Gärten weit verbreitet und meist nicht selten.

Wissenswertes: Der H. gehört trotz seiner geringen Größe sicher zu den eindrucksvollsten heimischen Käfergestalten. Der fast haardünne Rüssel stellt aber kein Stechwerkzeug dar, sondern gewissermaßen eine nasenartige Verlängerung des Kopfes, die an ihrer Spitze winzige beißende Mundwerkzeuge trägt. Im Frühsommer ist der Käfer regelmäßig auf angepflanzten, viel seltener auf wild wachsenden Haselnusssträuchern zu beobachten. Zur Nahrungsaufnahme kann er seinen Bohrer in wenigen Sekunden bis zum Anschlag in eine noch weiche, unreife Haselnuss hineintreiben, um so Teile des Kerns zu verzehren. Zur Eiablage bohrt das Weibchen eine Nuss an und legt meist nur 1 Ei in das Bohrloch. Die Larve (rechtes kleines Bild) frisst einen großen Teil des Kerns. Die befallene Nuss fällt vorzeitig zu Boden und wenig später wird sie von der Larve durch ein seitliches Bohrloch verlassen. Die Larve gräbt sich ins Erdreich ein und überwintert. Erst im Frühjahr findet hier die Verpuppung statt.

Ähnlich: Beim ebenfalls durchaus nicht seltenen **Eichelbohrer** *Curculio venosus* ist die beschuppte Fläche des Schildchens länglich. Seine Larven entwickeln sich in Eicheln.

Gefurchter Lappenrüssler

Otiorhynchus sulcatus F. RÜSSELKÄFER

Merkmale: Körperlänge 9-11 mm; plumper Käfer mit ziemlich kurzem, breitem Rüssel; Oberfläche stark gekörnt, Flügeldecken mit hellen Haarflecken. Ganzjährig.

Vorkommen: An Waldrändern und in Gärten nicht selten, zunehmend auch in Wohnungen.

Wissenswertes: Der nachtaktive, flugunfähige Käfer ernährt sich von sehr verschiedenen Pflanzen. Da Männchen nur sehr selten auftreten, vermehrt sich die Art vorwiegend durch Jungfernzeugung. Dies begünstigt die Eroberung neuer Lebensräume, da jedes Individuum leicht eine neue Population aufbauen kann. Seit einigen Jahren wird der G.L. immer häufiger an Gewächshauskulturen, aber auch an Zimmerpflanzen gefunden. Seine fußlosen, weißen Larven entwickeln sich an Pflanzenwurzeln, insbesondere auch solchen von Topfpflanzen. Bei stärkerem Befall kommt es dadurch nicht selten zum Absterben der Pflanze. Die Verpuppung findet ebenfalls im Erdboden bzw. im Blumentopf statt. (Abb. von Larve und Puppe ⇨ S. 9)

Großer Pestwurzrüssler

Liparus glabrirostris FAM. RÜSSELKÄFER

Merkmale: Körperlänge 14-19 mm; glänzend schwarz mit gelblichen Haarflecken, an den Halsschildseiten in Form eines »Y«. V-VII.

Vorkommen: An feuchten Waldrändern und im Uferbereich von Bächen; im Bergland, vor allem in den Alpen, stellenweise nicht selten.

Wissenswertes: Der flugunfähige Käfer ist vor allem bei feuchtem Wetter oft bei der Überquerung von Wegen zu beobachten. Seine Larve entwickelt sich im Wurzelstock von Pestwurz-Arten.

Ähnlich: Dem noch etwas größeren *Liparus dirus* (Körperlänge bis 20 mm) fehlen die gelben Haarflecke. Die sehr wärmeliebende Art kommt in M.-EU nur in ausgesprochenen Wärmegebieten (z.B. im Elsass) vor und entwickelt sich als Larve am Laserkraut. **RL**

Kiefernbestandsrüssler
Pissodes pini FAMILIE RÜSSELKÄFER

Merkmale: Körperlänge 6-9 mm; dunkelbraun mit gelben Haarflecken; Flügeldecken kräftig punktiert, mit 2 schrägen Querbinden aus gelben Haarschuppen. Ganzjährig.
Vorkommen: In Kiefernwäldern häufig.
Wissenswertes: Der K. legt seine Eier in kleinen Häufchen meist in der Kronenregion älterer Kiefern ab. Die einzelnen Larven fressen unter der Rinde sternförmig auseinanderstrebende Gänge, an deren Ende später die mit einem Spanpolster ausgekleideten Puppenwiegen liegen. Die Schadwirkung ist aber meist gering.

Ähnlich: Der **Große Braune Rüsselkäfer** *Hylobius abietis* wird 8-14 mm groß. Die Schuppenhaare auf den Flügeldecken sind bei ihm zu unregelmäßigen Flecken und Binden angeordnet.

Grünrüssler *Phyllobius sp.*
FAMILIE RÜSSELKÄFER

Merkmale: Körperlänge 5-10 mm; Flügeldecken vorn mit deutlichen Schulterecken, ganze Oberfläche dicht mit blaugrünen, hellgrünen oder golden-kupfernen Schuppenhaaren bekleidet. IV-VII. Zahlreiche schwer unterscheidbare Arten.
Vorkommen: Im Innern und am Rand von Wäldern und Gebüschen fast überall häufig.
Wissenswertes: Die einzelnen Arten dieser Gattung befressen als Käfer die Blätter verschiedener Laubbäume oder Kräuter, einige auch Nadelbäume. Die Larven entwickeln sich meist an Wurzeln, sie können Jungbäume zum Absterben bringen.

Ähnlich: Beim **Gelbrandrüssler** *Chlorophanus viridis* sind die Seiten des ganzen Körpers gelbgrün abgesetzt. Der Käfer frisst oft an Pestwurzblättern.

Birkenblattroller *Deporaus betulae*
FAMILIE BLATTROLLER

Merkmale: Körperlänge 3-5 mm; schwarz, manchmal mit bläulichem Schimmer, Rüssel ungefähr so lang wie der Rest des Kopfes. IV-VII.
Vorkommen: An Waldrändern häufig.
Wissenswertes: Der B. bevorzugt Birken, ist aber auch an anderen Laubbäumen zu finden. Vor der Eiablage schneidet das Weibchen zunächst auf einer Blattseite nahe der Blattbasis eine steile, s-förmige Linie bis zur Mittelrippe, nagt diese etwas an und schneidet anschließend auf der anderen Blattseite in einer deutlich flacheren, geschwungenen Kurve wieder bis zum Blattrand. Dann verfolgt es die Schnittlinie wieder zurück, schiebt dabei seinen Kopf zwischen die Ränder des Spalts, formt aus dem Blattende einen tütenförmigen Wickel (kleines Bild) und legt darin 1-6 Eier ab. Die Larven entwickeln sich in der anschließend welkenden Blatttüte.

Zigarrenwickler *Bytiscus betulae*
FAMILIE BLATTROLLER

Merkmale: Körperlänge 5-7 mm; Färbung metallisch grün, blau oder kupferrot, stark glänzend, Rüssel deutlich länger als der Rest des Kopfes. IV-IX.
Vorkommen: An Wald- und Wegrändern meist nicht selten.
Wissenswertes: Der Z. hinterlässt seine Spuren an zahlreichen verschiedenen Laubbäumen und Sträuchern, etwa an Pappeln, Weiden, Buchen oder – wie im Bild – an Himbeersträuchern. Das Weibchen verwendet für seine Blattrolle jeweils ein ganzes Blatt. Es nagt zunächst den Blattstiel an, sodass dieser abknickt, und rollt dann die Blattspreite zu einer Art Zigarre zusammen. Bei kleinen Blättern verwendet es gelegentlich auch mehrere, die dann übereinander gelegt werden. In einer solchen Blattrolle, für deren Herstellung der Käfer etwa 1 1/2 bis 5 Stunden benötigt, können sich bis zu 15 Larven entwickeln.

Zweiflügler

Bei den Zweiflüglern sind nur die Vorderflügel normal entwickelt. Die Hinterflügel sind zu so genannten Schwingkölbchen oder Halteren reduziert. Sie bewegen sich synchron mit den Vorderflügeln und erfüllen wichtige Aufgaben bei der Stabilisierung der Fluglage. Entfernt man sie, kann das Insekt nicht mehr fliegen. Zu den Zweiflüglern gehören einerseits die meist schlanken, langbeinigen Mücken mit vielgliedrigen, andererseits die eher untersetzten Fliegen mit zumeist nur dreigliedrigen Fühlern. Lebensweise und Entwicklung verlaufen sehr verschieden. Viele, insbesondere die Mücken, entwickeln sich als Larven im Wasser, andere im Erdboden, in verrottenden Pflanzenteilen, in Dung oder in Tierleichen. Die Puppen sind teils frei beweglich, teils werden sie von ihrer letzten Larvenhaut als Tönnchen eingehüllt. Die Imagines dagegen leben niemals im Wasser oder im Innern anderer Substrate. Sie ernähren sich als Räuber von anderen Insekten, saugen Nektar oder Blut oder aber nehmen gar keine Nahrung mehr zu sich. Viele, insbesondere die Blutsauger, können sehr lästig oder als Krankheitsüberträger sogar gefährlich werden. Andere erfüllen wichtige Aufgaben beim Abbau toter organischer Substanzen.

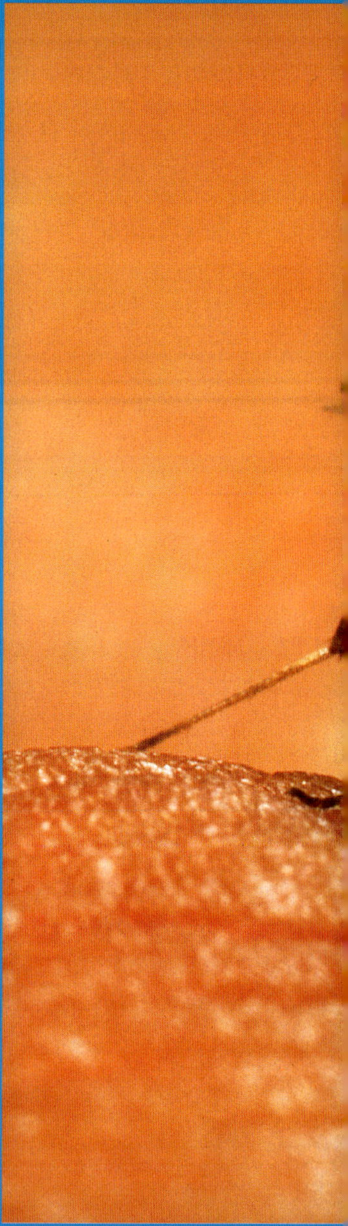

Stechmücke in Aktion

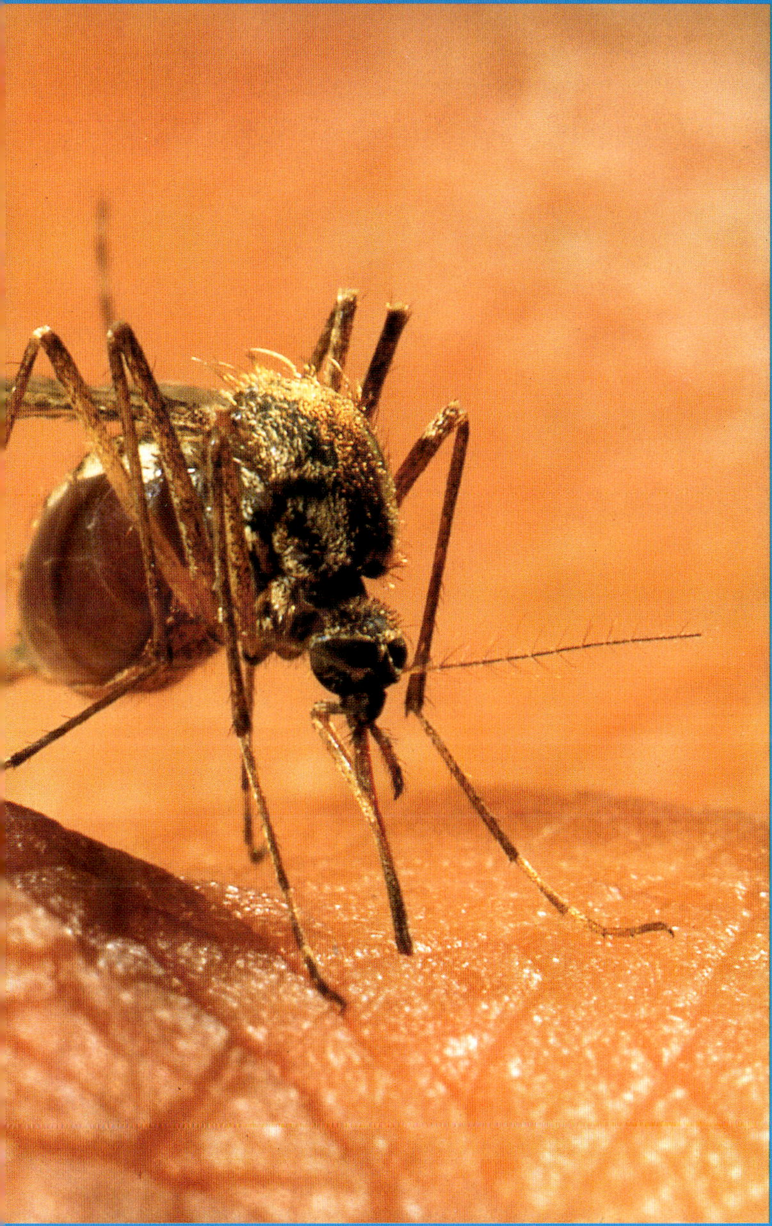

Kohlschnake *Tipula sp.*

FAMILIE SCHNAKEN

Merkmale: Mit einer Flügelspannweite von rund 25-50 mm auffallend großer, überwiegend grau gefärbter Zweiflügler mit überaus langen Beinen. Flugzeit IV-X. Mehrere sehr schwer unterscheidbare Arten.

Vorkommen: Überall sehr häufig.

Wissenswertes: Die vorwiegend dämmerungs- und nachtaktive K. dringt abends oft über geöffnete Fenster in Wohnräume ein und jagt vielen Menschen einen gehörigen Schrecken ein. Dabei ist sie vollkommen harmlos und kann weder stechen noch beißen. Ihre Mundwerkzeuge sind weitgehend zurückgebildet und erlauben ihr höchstens die Aufnahme von Wasser oder offen angebotenem Nektar. Beim Weibchen ist das Hinterleibsende in eine spitze Legeröhre ausgezogen. Nach der Paarung schiebt es damit seine Eier in feuchtes Erdreich. Dabei hüpft es in steil aufrechter Körperhaltung und etwas unbeholfenem Flug auf und ab und stützt sich immer wieder mit den Fußspitzen am Boden ab. Die fußlose Larve (linkes kleines Bild) ist grau gefärbt und ernährt sich von Falllaub und anderen Pflanzenresten, aber auch von Pflanzenwurzeln. Bei Massenauftreten können hierdurch Schäden in Pflanzenkulturen entstehen. Bemerkenswert ist das »zweite Gesicht« der im Grunde schmucklosen Larve: Die am abgestutzten Hinterende ausmündenden Atemöffnungen sind ringsum von 6 teils fingerförmigen, teils zugespitzten Hautfortsätzen umgeben, die in der Ansicht von hinten das Bild einer »Teufelsfratze« ergeben (rechtes kleines Bild). Die Fortsätze können bei Gefahr nach innen geklappt werden und so die Atemorgane vor Verletzung oder auch vor dem Eindringen von Wasser schützen.

Holzschnake *Tanyptera atrata*

FAMILIE SCHNAKEN

Merkmale: Flügelspannweite 30-40 mm; stark glänzend, ♂ mit kammförmig gefiederten Fühlern und schwarzem oder gelbbraunem Hinterleib, dieser beim ♀ (Bild) vorn rot und hinten in einen langen Legebohrer ausgezogen. Flugzeit VI-VII.

Vorkommen: An offenen Stellen in feuchten Wäldern; nicht häufig.

Wissenswertes: Das Weibchen versenkt die Eier mit Hilfe des Legebohrers in morsches, aber noch festes Holz. Darin entwickeln sich die Larven.

Verwandt: Eine ebenfalls recht bunte und stark glänzende Schnake ist die **Kammschnake** *Ctenophora ornata*. Bei ihr ist der Hinterleib lebhaft gelb, rotbraun und schwarz gezeichnet. Das Tier erinnert dadurch sehr an eine gefährliche Wespe. Die Larven entwickeln sich in bereits stark vermodertem Holz.

Wintermücke *Trichocera annulata*

FAMILIE WINTERMÜCKEN

Merkmale: Flügelspannweite 11-13 mm; sehr zart mit ausgesprochen langen, dünnen Beinen, dadurch wie eine kleine Schnake wirkend; Mundteile stark reduziert. Flugzeit X-IV.

Vorkommen: An Waldrändern, Feldhecken und auch in Gärten überall häufig.

Wissenswertes: Die ausgewachsenen Mücken treten nur in der kälteren Jahreshälfte auf und tanzen bereits bei Temperaturen von wenig über dem Gefrierpunkt in Schwärmen, vorzugsweise im Bereich einzelner durch Gesträuch fallender Sonnenstrahlen. Die Larven entwickeln sich am Boden und ernähren sich hier von Falllaub und anderen zerfallenden organischen Stoffen.

Verwandt: Ebenfalls winteraktiv ist die flügellose, aber mit großen Schwingkölbchen ausgerüstete **Schneeschnake** *Chionea belgica*.

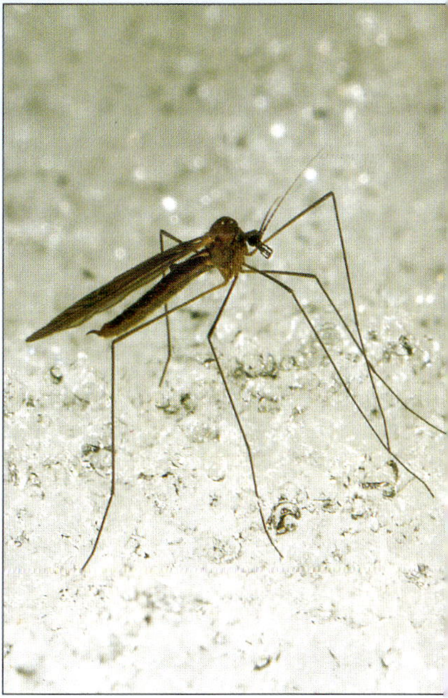

Buchengallmücke *Mikiola fagi*

FAMILIE GALLMÜCKEN

Merkmale: Flügelspannweite 9-12 mm; zerbrechlich wirkende Mücke mit sehr dünnen Beinen und rötlichem Hinterleib. Flugzeit III-V.

Vorkommen: In Buchenwäldern und an Waldrändern überall häufig.

Wissenswertes: Die bereits an den ersten warmen Frühlingstagen schwärmende Mücke legt ihre rot gefärbten Eier einzeln oder in kleinen Gruppen an die Blattknospen von Buchen. Die etwa mit dem Blattaustrieb schlüpfenden Larven regen das Pflanzengewebe durch Speichelsekrete um sich herum zur Bildung eines Ringwalls an, der sich schließlich oben zu einer spitzen Kuppel schließt. Etwa ab Juni kann man auf der Oberseite der Buchenblätter die fertig entwickelten, tropfenförmigen Gallen entdecken (rechtes großes Bild). Sie sind bis zu 10 mm hoch und zunächst grün, nehmen später aber meist eine leuchtend rote Färbung an. Das sehr harte, dickwandige Pflanzengewebe, aus dem sie bestehen, lässt innen einen geräumigen Hohlraum frei. In

diesem entwickelt sich die zunächst weiße, später orange gefärbte Larve. Kurz vor dem herbstlichen Blattfall lösen sich die Gallen meist vom Blatt und fallen zu Boden. An der Kontaktfläche zum Blatt spannt sich ein zartes, weißes Häutchen aus. Die Larve überwintert und häutet sich gegen Ende des Winters zur Puppe (kleines Bild oben). Die schlüpfende Mücke durchstößt das Häutchen und gelangt so ins Freie.

Verwandt: Die Gallen der etwas kleineren **Buchenblatt-Gallmücke** *Hartigiola annulipes* sind bis 4 mm groß und meist struppig behaart.

Lidmücke *Liponeura sp.*

FAMILIE LIDMÜCKEN

Merkmale: Flügelspannweite 15-20 mm; sehr langbeinige Mücke; Flügel auffallend breit, außer den Adern mit einem dichten Netz von Falten, dadurch wie zerknittert wirkend; ♀ mit kurzem, kräftigem Saugrüssel. Flugzeit VI-X.
Mehrere schwer unterscheidbare Arten.

Vorkommen: An turbulenten, sauberen Bergbächen in der Nähe von Stromschnellen oder Wasserfällen; außer in den Alpen auch in einigen Mittelgebirgen (z.B. Schwarzwald, Harz, Fichtelgebirge); an den Fundorten meist nicht selten.

Wissenswertes: Die Larven der Gattung *Liponeura* sind perfekt an extreme Strömungsverhältnisse angepasst. Ihr Körper trägt auf der Unterseite 6 Saugnäpfe, die zu den perfektesten Anheftungsorganen im Tierreich gehören (rechtes großes Bild). Durch Anheben eines Stempels in der Mitte wird ein Unterdruck erzeugt, der sie sicher auf der Unterlage haften lässt. Zur Fortbewegung löst die Larve jeweils nur 1-2 Saugnäpfe gleichzeitig und schiebt die dazugehörigen Körperringe etwas vor. Man findet die Larven nur an Stellen stärkster Turbulenz, vor allem in Stromschnellen auf der Oberseite größerer Steine, über die das Wasser unmittelbar hinwegschießt. Hier ernähren sie sich vom spärlichen Algenbewuchs. Die flachen, strömungsgünstig gebauten Puppen (kleines Bild unten) findet man an den gleichen Stellen, aber immer dicht unter der Wasseroberfläche. Sie sind mit einer Kittsubstanz am Stein befestigt und alle gleich ausgerichtet. Die Mücken entfalten ihre Flügel unmittelbar nach dem Verlassen der Puppenhüllen. So können sie sofort von der Wasseroberfläche starten. Die vorwiegend dämmerungsaktiven Tiere sitzen tagsüber meist an der Blattunterseite von Sträuchern am Ufer. Die Weibchen fangen kleinere Fluginsekten und saugen sie aus.

Stechmücke *Aedes sp.*

FAMILIE STECHMÜCKEN

Merkmale: Körperlänge 7-9 mm; Fußglieder meist hell-dunkel geringelt; ♀ (großes Bild links) mit langem Stechrüssel, kurzen Lippentastern und zugespitztem Hinterleib. Flugzeit IV-X. Viele schwer unterscheidbare Arten.

Vorkommen: Überall sehr häufig, besonders in feuchten Wäldern.

Wissenswertes: Die Weibchen sind äußerst lästige Blutsauger, vor allem bei schwülem Wetter und nachts. Nur wenn sie eine Blutmahlzeit zu sich genommen haben, können ihre Eier reifen. Die Larven (rechtes großes Bild) besitzen ein schräg abstehendes Atemrohr, mit dem sie am Wasserspiegel hängen. Sie strudeln mit ihren Mundwerkzeugen Schwebteile herbei, die ihnen als Nahrung dienen. Bei Gefahr tauchen sie mit schlängelnden Bewegungen zum Gewässergrund. Die Puppen (kleines Bild) sind fast kugelig, mit einem um den Körper geschlungenen Hinterleib.

Fiebermücke *Anopheles maculipennis*

FAMILIE STECHMÜCKEN

Merkmale: Körperlänge 6-8 mm; ähnlich einer Stechmücke, doch mit dunkel gefleckten Flügeln und ziemlich langen Lippentastern. Flugzeit IV-X.

Vorkommen: In Feuchtgebieten regelmäßig, doch bei weitem nicht so häufig wie die *Aedes*-Arten.

Wissenswertes: Fieber- und Stechmücken lassen sich schon an der Körperhaltung beim Sitzen und auch beim Stechen unterscheiden. Während Stechmücken den Körper parallel zur Unterlage ausrichten und den Kopf mit dem Stechrüssel schräg abwinkeln, stellen Fiebermücken ihren Körper schräg zur Unterlage und halten den Kopf mit dem Rüssel gerade ausgestreckt. Die F. ist in wärmeren Ländern als Überträgerin der Malaria gefürchtet; bei uns kommt der Erreger glücklicherweise nicht vor. Die Larve (kleines Bild) besitzt keine Atemröhre. Sie heftet sich flach unter den Wasserspiegel und atmet über die am Rücken kurz vor der Hinterleibsspitze liegenden Atemöffnungen. Wie die Stechmückenlarve ernährt sie sich strudelnd von Schwebteilchen.

Büschelmücke *Chaoborus sp.*

FAMILIE BÜSCHELMÜCKEN

Merkmale: Körperlänge 6-7 mm; ähnlich einer Stechmücke, doch mit stark rückgebildeten Mundwerkzeugen. Flugzeit V-VIII. (Imago nicht abgebildet.)

Vorkommen: In der Nähe stehender Gewässer ziemlich häufig.

Wissenswertes: Die ausgewachsenen Mücken können wegen ihrer reduzierten Mundwerkzeuge keine Nahrung aufnehmen. Die vollkommen durchsichtigen Larven besitzen vorn und hinten jeweils ein Paar luftgefüllter Tracheenblasen, dank derer sie waagrecht frei im Wasser schweben. Durch Veränderung des Blasenvolumens vermögen sie gezielt auf- und abzusteigen. Durch peitschende Bewegungen ihres Hinterleibs können sie sich mit ihrem Schwanzfächer abstoßen und langsam vorwärts gleiten. Mit ihren zu Greifhaken umgewandelten Fühlern ergreifen sie Kleinkrebse und verschlingen sie. Die Puppe schwebt in gestreckt aufrechter Haltung ebenfalls frei im Wasser.

Ähnlich: Die Larven der nahe verwandten Gattung *Mochlonyx* sind undurchsichtig und besitzen ein kurzes Atemrohr.

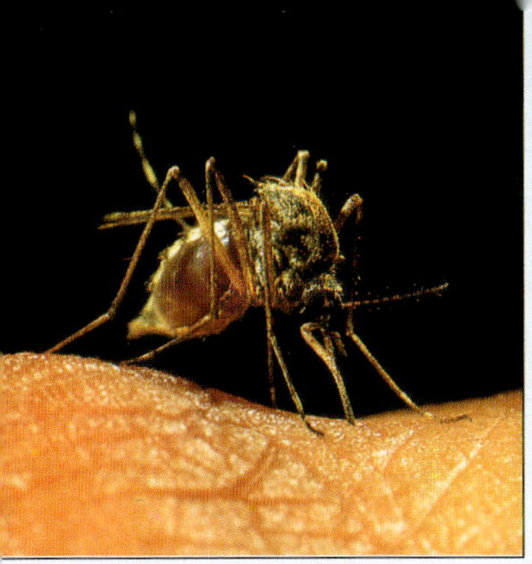

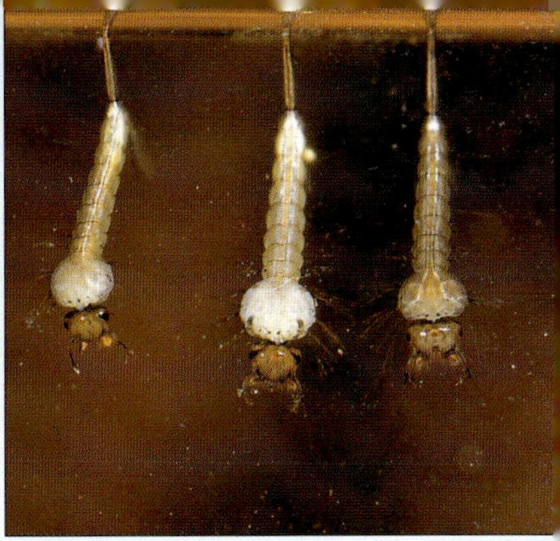

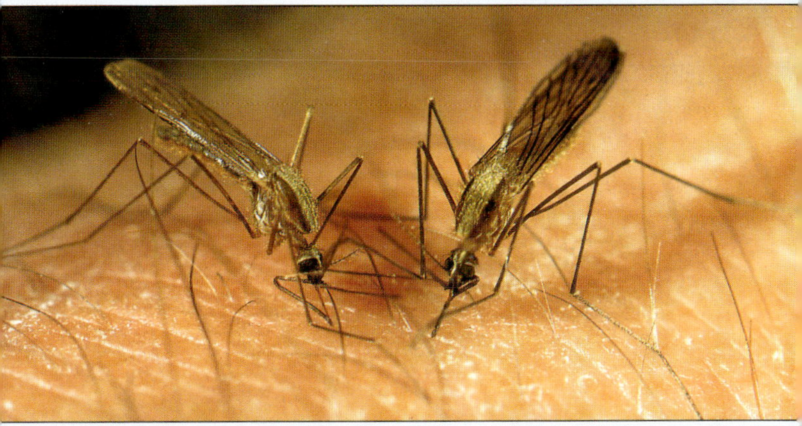

Kriebelmücke *Simulium sp.*

FAMILIE KRIEBELMÜCKEN

Merkmale: Körperlänge 3-6 mm, etwas buckelig wirkende, fliegenähnliche Mücke mit sehr kurzem, dickem Saugrüssel, Körper meist grau, Beine hell gefleckt. Flugzeit V-VIII.

Vorkommen: In der Nähe von Fließgewässern überall häufig.

Wissenswertes: Die Weibchen saugen vor allem am Weidevieh, gelegentlich aber auch beim Menschen Blut. Der Stich ist zum einen wegen des ziemlich dicken Rüssels, zum andern wegen des gleichzeitig abgegebenen, giftigen Speichels ausgesprochen schmerzhaft. Meist bildet sich an der Stichstelle anschließend eine deutliche, manchmal sogar starke Schwellung. Bei Massenauftreten der K. kann es durchaus zu Verlusten unter dem Weidevieh kommen. Die keulenförmigen Larven (rechtes großes Bild) heften sich an Wasserpflanzen oder Steinen fest und filtrieren mit ihren fächerförmigen Mundteilen Schwebteilchen aus dem strömenden Wasser. Die Puppen (kleines Bild) sitzen in tütenförmigen, pergamentartigen Gehäusen und atmen über büschelförmige Kiemen.

Zuckmücke *Chironomus sp.*

FAMILIE ZUCKMÜCKEN

Merkmale: Körperlänge 10-14 mm; langgestreckte Mücke mit zurückgebildeten Mundwerkzeugen; ♂ (linkes großes Bild) mit beidseitig lang gekämmten, ♀ (rechtes großes Bild) mit sehr kurzen, einfachen Fühlern. Flugzeit fast ganzjährig.

Vorkommen: An stehenden und fließenden Gewässern aller Art überall häufig.

Wissenswertes: Die Mücken entwickeln sich oft in ungeheuren Zahlen. Die Männchen tanzen dann in Schwärmen, die nicht selten an Rauchschwaden erinnern. Wenn ein Weibchen in den Schwarm eindringt, wird es an seinem spezifischen Fluggeräusch erkannt, von zahlreichen Männchen bedrängt und sogleich von einem zur Paarung ergriffen. Danach legt es seine Eier in gallertigen Strängen ab. Die leuchtend rot gefärbten Larven (kleines Bild) sind als »Rote Mückenlarven« ein beliebtes Zierfischfutter. Sie stellen durch ihr massenhaftes Vorkommen auch im Freiland eine außerordentlich wichtige Fischnahrung dar. Die Larven bauen sich aus Gespinst und Schlammteilen gewundene Röhren, in denen sie sich die überwiegende Zeit aufhalten. Sie leben von zerfallenden organischen Substanzen.

Haarmücke *Bibio sp.*

FAMILIE HAARMÜCKEN

Merkmale: Körperlänge 8-10 mm; dicht behaarte, fliegenähnliche Mücke; Färbung tiefschwarz, ♂ (großes Bild und linkes Tier im kleinen Bild) mit großen, halbkugeligen Augen, ♀ (rechtes Tier im kleinen Bild) mit deutlich kleinerem Kopf und nur winzigen Augen. Flugzeit III-V.

Vorkommen: In Wäldern ebenso wie in offenem Gelände, auch in Gärten; fast überall häufig.

Wissenswertes: Die H. tanzt besonders zur Zeit des Blattaustriebs in z.T. dichten Schwärmen. Die Männchen ergreifen im Flug eine Partnerin und vollenden die Paarung dann am Boden oder auf Pflanzen. Zur Eiablage sucht das Weibchen vorzugsweise gut gedüngte Bodenstellen auf, gräbt sich dort ein und setzt im Erdreich bis zu 3000 Eier ab. Die bis zu 20 mm langen, gelblich weißen Larven sind im ersten Stadium lang behaart und besitzen später kurze, stachelige Fortsätze an den Rückenplatten. Sie ernähren sich von Falllaub und anderen verrottenden Pflanzenteilen und sind damit wichtige Humusbildner. Manchmal treten sie in riesigen Mengen auf und können dann durch Wurzelfraß auch Schäden anrichten.

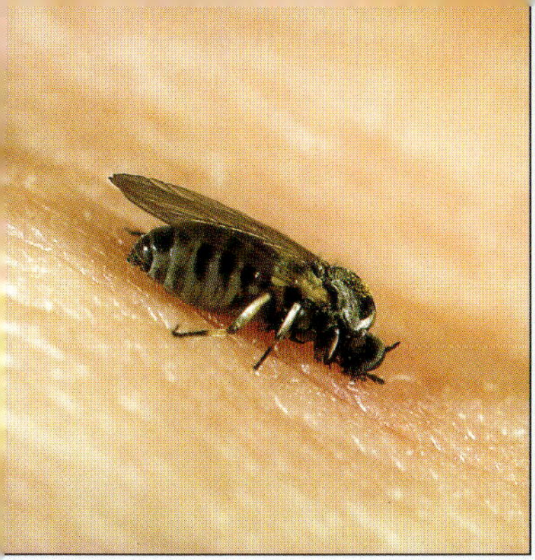

Chamäleonfliege *Stratiomys chamaeleon*

FAMILIE WAFFENFLIEGEN

Merkmale: Körperlänge 12-16 mm; Hinterleib stark verbreitert und deutlich abgeflacht, seitlich weit über die Flügel hinausragend, mit leuchtend gelben Zeichnungen. Flugzeit VI-IX.

Vorkommen: In der Nähe stehender Gewässer, gebietsweise nicht selten.

Wissenswertes: Die auffallend große und hübsch gezeichnete Fliege ist oft auf Doldenblüten zu beobachten. Ihre spindelförmige, bis 5 cm lange Larve entwickelt sich in schlammigen Gewässern. Sie schwimmt direkt unter dem Wasserspiegel und ernährt sich von Schwebteilchen.

Grüne Waffenfliege *Oplodonta viridula*

FAMILIE WAFFENFLIEGEN

Merkmale: Körperlänge 8-9 mm; Kopf und Vorderkörper bronzefarben, Hinterleib leuchtend grün mit schwarzer Mittelzeichnung. Flugzeit VI-VII.

Vorkommen: Im Uferbereich pflanzenreicher, stehender Gewässer ziemlich häufig.

Wissenswertes: Die Fliege trägt wie die meisten Vertreter ihrer Familie hinten am Schildchen 2 spitze Dorne (»Waffenfliege«), die aber offenbar keine Funktion haben. Ihre Larve schwimmt wie die der Chamaeleonfliege an der Wasseroberfläche und hält die mit einem Dornenkranz umgebenen Atemöffnungen auf dem Wasserspiegel.

Schnepfenfliege *Rhagio scolopaceus*

FAMILIE SCHNEPFENFLIEGEN

Merkmale: Körperlänge 8-14 mm; schlank und langbeinig, Hinterleib gelbbraun getönt, oben mit schwarzen Dreiecken und schwarzer Spitze, Flügel dunkel gefleckt. Flugzeit V-IX.

Vorkommen: An Waldrändern und am Rand von Waldwegen; ziemlich häufig.

Wissenswertes: Die S. lauert gern mit leicht abwärts gerichtetem, aber schräg von der Unterlage abgehobenem Körper auf liegenden Baumstämmen und stürzt sich von dort aus auf vorbeifliegende, kleinere Beuteinsekten. Ihre Larve entwickelt sich im Erdboden. Sie ernährt sich ebenfalls räuberisch z.B. von Insektenlarven.

Dickkopffliege *Conops flavipes*

FAMILIE DICKKOPFFLIEGEN

Merkmale: Körperlänge 9-13 mm; lebhaft gelbschwarz gezeichnete Fliege mit keulenförmig verdicktem Hinterleib und auffallend großem Kopf, Ende des Rüssels schräg nach oben gerichtet, Fühler am Ende gekeult. Flugzeit V-VIII.

Vorkommen: An Waldrändern und in offenem Gelände meist nicht selten.

Wissenswertes: Diese auffallende Fliege ist oft beim Blütenbesuch zu beobachten. Dabei wird der nach oben abgeknickte Rüssel nach unten geklappt. Daneben kann man sie regelmäßig in der Umgebung von Wildbienennestern beobachten. In ihnen entwickeln sich die Larven.

Graue Raubfliege *Machimus sp.*

FAMILIE RAUBFLIEGEN

Merkmale: Körperlänge 16-25 mm; ziemlich kräftig gebaute, graue Fliege mit schmalem, langem Hinterleib, Beine auffallend stark bestachelt; Kopf vorn mit weißem »Knebelbart«, darunter ein kurzer, kräftiger Saugrüssel. Flugzeit VII-IX.

Vorkommen: An Wald- und Wegrändern sowie auf trockenen Wiesen überall häufig.

Wissenswertes: Die Fliege lauert im Gebüsch auf vorbeifliegende Beutetiere, die sie in einem kurzen Flug ergreift, um dann mit ihrem Opfer zur Sitzwarte zurückzukehren. Oft reichen die überwältigten Beutetiere fast an ihre eigene Größe heran. Die Larve entwickelt sich im Boden und lebt offenbar ebenfalls räuberisch.

Gelbe Raubfliege *Laphria flava*

FAMILIE RAUBFLIEGEN

Merkmale: Körperlänge 17-25 mm; sehr kräftige, durch die dichte, gelbe Behaarung an eine Hummel erinnernde Fliege; Hinterleib zylindrisch, am Ende meist nach unten gebogen. Flugzeit VII-IX.

Vorkommen: An Waldrändern und Waldwegen im Allgemeinen nicht selten.

Wissenswertes: Diese sehr auffallende, bedrohlich wirkende Fliege fliegt mit einem recht lauten Brummton und verstärkt dadurch noch den Eindruck ihrer Gefährlichkeit. Mit ihrem kräftigen Saugrüssel kann sie aber offensichtlich nicht stechen. Sie wählt besonders gern Holzstöße als Sitzwarte und kehrt an den einmal gewählten Ort auch nach Störungen immer wieder zurück.

Gefleckte Tanzfliege *Empis tesselata*
FAMILIE TANZFLIEGEN

Merkmale: Körperlänge 11-13 mm; schlanke, langbeinige Fliege mit langem, rechtwinklig nach unten gerichtetem Saugrüssel, Flügel beim ♂ deutlich breiter und dunkler als beim ♀. Flugzeit V-VIII.
Vorkommen: An Wald- und Gebüschrändern ziemlich häufig.
Wissenswertes: Die auffallenden Fliegen sind oft beim Blütenbesuch zu beobachten. Bei der Balz tanzen die Männchen mit einem erbeuteten Insekt als »Brautgeschenk« meist in kleinen Schwärmen. Das Weibchen fliegt in den Schwarm hinein, greift sich ein Geschenk, lässt sich vom Männchen packen und beide fliegen zur Paarung ins Gebüsch. Hier klammert sich das Männchen mit seinen Vorderbeinen an einem Zweig fest, mit den übrigen Beinen hält es seine mit der Beute beschäftigte Partnerin. Es gibt auch Tanzfliegen-Arten, deren Männchen ihr Brautgeschenk in einem (mit Spinndrüsen in den Vorderfüßen hergestellten) Seidengespinst »verpacken«.

Goldaugenbremse *Chrysops relictus*
FAMILIE BREMSEN

Merkmale: Körperlänge 9-11 mm; Flügel in der Ruhelage schräg abgespreizt, in der Mitte mit einer breiten, schwarzen Querbinde; Augen leuchtend grün, mit runden, violetten, teilweise roten Flecken. Flugzeit V-IX.
Vorkommen: In trockenem und feuchtem, mehr oder weniger offenem Gelände ziemlich häufig.
Wissenswertes: Die G. fliegt fast geräuschlos und landet daher oft unbemerkt an unbedeckten Körperpartien von Menschen, vorzugsweise im Kopfbereich. Ihr Stich ist wegen der Dicke des Rüssels recht schmerzhaft. Die volkstümliche Bezeichnung »Blinde Fliege« rührt vermutlich daher, dass es – im Vergleich etwa zu Stechmücken – sehr einfach ist, die saugende Bremse zu erschlagen. Doch scheint die G. als Nahrungsquelle Weidevieh zu bevorzugen, denn sie fällt weniger oft den Menschen an als z.B. die Regenbremse. Die gelblich weiße, bis 16 mm lange Larve ist abgeflacht und an beiden Enden verschmälert. Sie entwickelt sich in Kleingewässern und lebt von Insektenlarven und anderen Wassertieren.

Großer Wollschweber *Bombylius maior*
FAMILIE WOLLSCHWEBER

Merkmale: Körperlänge 9-12 mm; pelzig braun behaarte Fliege mit körperlangem, nach vorn gestrecktem Rüssel, Flügel vorn mit breiter, brauner Binde. Flugzeit IV-VI.
Vorkommen: An sonnigen Waldrändern und an offenen Stellen in Wäldern nicht selten.
Wissenswertes: Der gefährlich anmutende, aber völlig harmlose G.W. ist ein eifriger Blütenbesucher. Er taucht nach Schwärmerart im Flug seinen Rüssel tief in Blütenkelche. Das Weibchen sucht zur Eiablage Nestkolonien bodenbrütender Wildbienen (meist Sandbienen ⇨ S.182) auf. Hier stupft es zunächst seine Hinterleibsspitze mehrfach in den staubigen Boden und pudert dadurch die Eier mit einer tarnenden Staubhülle ein. Anschließend wirft es sie in der Nähe der Nesteingänge ab. Die anfangs sehr beweglichen Larven wandern in die Bienennester, häuten sich dort zu trägen Maden und leben zunächst von den Futtervorräten, später von den Maden der Bienen.

Regenbremse *Haematopota pluvialis*
FAMILIE BREMSEN

Merkmale: Körperlänge 8-12 mm; Flügel fein grau marmoriert, in Ruhelage dachförmig über dem Hinterleib zusammengelegt; Augen mit bunten Zackenbinden, die fast in allen Regenbogenfarben schillern. Flugzeit V-X.
Vorkommen: Überall häufig, die häufigste heimische Bremsenart.
Wissenswertes: Die R. ist vor allem bei schwülfeuchtem Wetter sehr aktiv, insbesondere kurz vor einem Gewitter. Sie sticht beim Menschen bevorzugt in die Arme und lässt sich wie die Goldaugenbremse beim Saugen kaum stören.

Verwandt: Die teilweise wesentlich größeren Bremsen der Gattung *Tabanus* (bis 25 mm) haben einfarbige Augen oder, wie die hier gezeigte Art *Tabanus tropicus*, mit geradlinigen Streifen gezeichnete Augen.

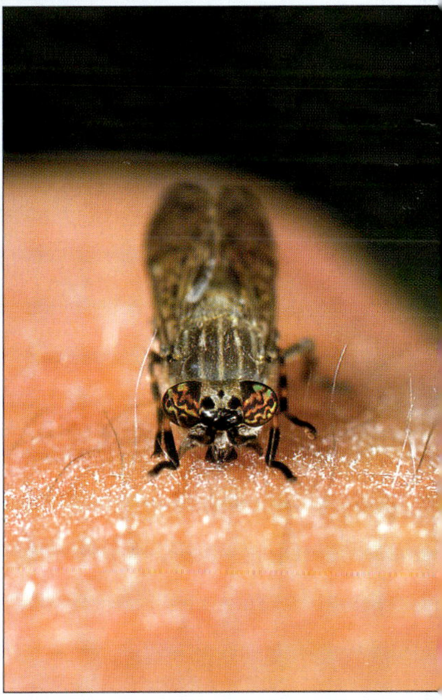

Gewöhnl. Winterschwebfliege *Episyrphus balteatus* SCHWEBFLIEGEN

Merkmale: Körperlänge 10-11 mm; Brustabschnitt kupferfarben glänzend, Hinterleib gelb, 3. und 4. Segment mit breiter Hinterrandbinde und davor schmalen, unterbrochenen Querstrichen, das 2. Segment außerdem mit dunklem Kreuz. Flugzeit fast ganzjährig.

Vorkommen: Beinahe überall eine der häufigsten Schwebfliegenarten.

Wissenswertes: Die G.W. ist wie die meisten Schwebfliegen eine eifrige Blütenbesucherin. Ihre dunkelgraue, abgeflachte Larve (rechtes gr. Bild) ist mit weißen, in Schrägstreifen angeordneten Flecken gezeichnet. Am Hinterende trägt sie einen dunklen Zapfen, an dessen Spitze die beiden Atemöffnungen liegen. Die Kopfkapsel ist wie bei den meisten Fliegenlarven fast völlig reduziert; von den Mundwerkzeugen sind nur dolchförmig gekrümmte Mundhaken übrig geblieben. Sie ernährt sich fast ausschließlich von Blattläusen, die sie mit den Mundhaken ansticht, von der Pflanze losreißt und aussaugt. Die Verpuppung erfolgt in der erhärtenden letzten Larvenhaut (kleines Bild).

Späte Frühlingsschwebfliege
Meliscaeva cinctella F. SCHWEBFLIEGEN

Merkmale: Körperlänge 9-11 mm; Körper ziemlich schmal, Hinterleib gelb mit breiten, schwarzen Querbinden, 2. Segment außerdem mit einer Längsbinde. Flugzeit IV-IX.

Vorkommen: Vorwiegend an Waldrändern und auf Waldlichtungen; überall häufig.

Wissenswertes: Die S.F. ist regelmäßig auf Blüten zu finden, besonders auf Doldengewächsen, Disteln und Sumpfdotterblumen. Ihre Larve entwickelt sich in Blattlauskolonien.

Ähnlich: Die **Gebänderte Frühlingsschwebfliege** *Melangyna cincta* hat einen etwas kürzeren Hinterleib, dessen 2. Segment ausgedehnter gelb ist.

Späte Großstirn-Schwebfliege *Scaeva pyrastri* SCHWEBFL.

Merkmale: Körperlänge 14-15 mm; Hinterleib schwarz, Segment 2 mit gerader, die Segmente 3 und 4 mit gebogener, jeweils in der Mitte unterbrochener, weißer Querbinde. Flugzeit IV-IX.

Vorkommen: An Waldrändern und in offenem Gelände überall häufig.

Wissenswertes: Auch die Larve dieser markanten Schwebfliegenart gehört zu den wichtigsten Blattlausvertilgern. Sie ist grün (gelegentlich auch rosa) gefärbt und trägt auf dem Rücken einen weißen Längsstreifen.

Ähnlich: Die deutlich seltenere *Scaeva selenitica* zeigt die gleiche Streifenzeichnung, aber in Gelb.

Hummel-Waldschwebfliege
Volucella bombylans F. SCHWEBFLIEGEN

Merkmale: Körperlänge 11-15 mm; ziemlich kräftige, pelzig behaarte Schwebfliege, Hinterleib schwarz mit roter Spitze oder schwarz und gelb mit weißer Spitze. Flugzeit V-VIII.

Vorkommen: An Waldrändern und auf Waldwiesen meist nicht selten.

Wissenswertes: Diese große Schwebfliege wird fast immer mit einer Hummel verwechselt. So entspricht die abgebildete Farbform fast aufs Haar einer Steinhummel (⇨S.180). Tatsächlich findet auch die Entwicklung der Larven im Innern und am Rand von Hummelnestern statt. Sie leben hier aber offenbar nicht als Parasiten, sondern verzehren abgestorbene Larven und sonstige Abfälle.

Mistbiene *Eristalis tenax*
FAMILIE SCHWEBFLIEGEN

Merkmale: Körperlänge 14-16 mm; breit gebaut, deutlich behaart, 2. Hinterleibssegment mit 2 großen, gelbroten Flecken. Flugzeit fast ganzjährig.

Vorkommen: Überall sehr häufig, wohl die häufigste heimische Schwebfliege.

Wissenswertes: Der allgemein gebräuchliche Name der M. bezieht sich zum einen auf ihre ausgesprochene Bienenähnlichkeit, zum andern auf den Entwicklungsort ihrer Larve. Man findet diese nämlich vorzugsweise in Fäkaliengruben, Jauchepfützen u.a. anrüchigen Gewässern. Sie besitzt ein teleskopartiges Atemrohr, mit dem sie ihre Atemöffnungen zur Wasseroberfläche emporstreckt, während sie durch den Schlamm wühlt.

Gewöhnliche Stubenfliege *Musca domestica* FAM. ECHTE FLIEGEN

Merkmale: Körperlänge 6-8 mm; dunkelgrau mit gelbbraunem, oben und am Ende schwarz gezeichnetem Hinterleib. Flugzeit fast ganzjährig.
Vorkommen: Überall sehr häufig, vor allem in Wohnungen.
Wissenswertes: Die G.S. ernährt sich von flüssigen Stoffen, kann sich aber auch feste, wasserlösliche Nahrungsstoffe (z.B. Zucker) erschließen, indem sie sie mit Speichel beträufelt und dann mit ihrem stempelförmigen Rüssel aufsaugt. Ihre Larven, beinlose Maden, entwickeln sich an verwesenden Stoffen, auf Müll- oder Misthaufen.

Wadenstecher *Stomoxys calcitrans* FAMILIE ECHTE FLIEGEN

Merkmale: Körperlänge 6-8 mm; ähnlich einer Stubenfliege, doch mit grauem, dunkel geflecktem Hinterleib; Mundwerkzeuge zu einem gerade vorgestreckten Stechrüssel umgebildet. Flugzeit IV-X.
Vorkommen: Vor allem in der Nähe von Viehweiden und Stallungen häufig.
Wissenswertes: Der W. setzt sich meist mit nach oben gerichtetem Kopf ab, während die Stubenfliege an einer senkrechten Fläche immer den Kopf nach unten ausrichtet. Er saugt vorzugsweise an Pferden Blut, geht aber mitunter auch an Menschen (hier bevorzugt an die Waden).

Dungfliege *Scatophaga stercoraria* FAMILIE DUNGFLIEGEN

Merkmale: Körperlänge 5-10 mm; ♂ (Bild) mit goldgelber, ♀ mit mehr grünlich gelber, pelziger Behaarung. Flugzeit IV-X.
Vorkommen: Besonders in der Nähe von Rinderweiden überall häufig.
Wissenswertes: Die kaum verwechselbare D. findet man stets auf frischen Kuhfladen. Sie besucht aber auch Blüten oder fängt kleinere Insekten, die sie mit ihrem Rüssel aussaugt. Das Weibchen legt seine schmal geflügelten Eier auf die Oberseite von Kuhfladen. Die etwa 10 mm langen, madenförmigen Larven entwickeln sich in seinem Innern und höhlen ihn später fast vollkommen aus.

Graue Fleischfliege *Sarcophaga carnaria* FAMILIE FLEISCHFLIEGEN

Merkmale: Mit einer Körperlänge von 13-15 mm recht große, grau gefärbte Fliege mit schwarzen Längsstreifen und Würfelflecken. Flugzeit IV-X.
Vorkommen: Überall sehr häufig.
Wissenswertes: Die Larven der G.F. entwickeln sich entgegen landläufiger Meinung offenbar nicht in Fleisch, sondern in Regenwürmern. Das Weibchen legt seine Eier am Erdboden neben dem Eingang eines Regenwurmgangs ab. Die frisch geschlüpften Larven kriechen in die Röhre hinein und bohren sich ins Innere des Wurms. Sie töten und verzehren ihn innerhalb weniger Tage. Unmittelbar darauf erfolgt die Verpuppung.

Igelfliege *Tachina fera* FAMILIE SCHMAROTZERFLIEGEN

Merkmale: Körperlänge 9-16 mm; große, sehr breit gebaute Fliege; Hinterleib an den Seiten gelbrot, in der Mitte mit schwarzer Längsbinde, hinten mit abstehenden, starken Borsten. Flugzeit IV-X.
Vorkommen: Auf Waldlichtungen und Wiesen im Allgemeinen nicht selten.
Wissenswertes: Die Larven dieser auffallenden Fliege entwickeln sich in sehr verschiedenen Schmetterlingsraupen. Bei Massenauftreten der Nonne, des Schwammspinners u.a. Forstschädlinge stellen sie wichtige Regulatoren dar, die sehr wirksam die Raupenpopulation dezimieren. Ähnliches gilt für zahlreiche andere Arten dieser sehr artenreichen Fliegenfamilie.

Blaue Schmeißfliege *Calliphora vicina* FAMILIE SCHMEISSFLIEGEN

Merkmale: Körperlänge 8-12 mm; Färbung metallisch graublau oder schwarzblau, Hinterleib mit dunklen Schillerflecken. Flugzeit III-XI.
Vorkommen: Überall sehr häufig, vor allem im Siedlungsbereich.
Wissenswertes: Die Weibchen dieser ziemlich kräftige Fliegenart dringen oft in Küchen ein und legen ihre weißlichen Eier in dichten Haufen an unabgedecktes rohes oder gekochtes Fleisch. Die Maden entwickeln sich in wenigen Tagen und verwandeln dabei ihre Nahrung in einen übel riechenden Brei. Sie verpuppen sich wie die meisten Fliegen in der letzten Larvenhaut zu einem dunkelbraunen Tönnchen.

Hautflügler

Die Hautflügler besitzen zwei ungleich große, häutige Flügelpaare. Die kleineren Hinterflügel greifen mit einer Häkchenreihe an ihrem Vorderrand in den umgeschlagenen Hinterrand der größeren Vorderflügel und bilden so mit diesen eine funktionelle Einheit. Fast alle Hautflügler weisen im vorderen Teil des Hinterleibs eine tiefe Einschnürung, die »Wespentaille«, auf. Der vor dieser Einschnürung liegende Hinterleibsabschnitt verwächst mit dem Bruststück.
Viele Vertreter dieser ungemein artenreichen Insektenordnung vollbringen erstaunliche Leistungen, etwa beim Aufspüren und Überlisten von Beutetieren oder beim Bau ihrer Brutstätten. Ihre Verhaltensweisen lassen sich z.T. mit menschlichen Fähigkeiten vergleichen bis hin zur Entwicklung von Staatswesen (z.B. bei vielen Ameisen, Wespen und Bienen) oder sogar, wie im Fall der Honigbiene, einer eigenen Sprache als Mittel der innerartlichen Kommunikation. Schließlich lässt sich, vor allem bei vielen hoch entwickelten Hautflüglern wie etwa den Bienen, auch eine Tendenz zum Sozialparasitismus feststellen. Etliche dieser Arten bauen keine eigenen Nester mehr, sondern lassen ihre Nachkommen in den Nestern anderer Arten aufwachsen.

Bienenwolf-Weibchen trägt eine

Honigbiene ein.

Braunwurz-Blattwespe *Allantus scrophulariae* FAMILIE BLATTWESPEN

Merkmale: Körperlänge 11-14 mm; Fühler und Beine weitgehend gelb, Hinterleib schwarz-gelb geringelt. Flugzeit V-VIII. Schwer von zahlreichen verwandten Arten zu unterscheiden.

Vorkommen: An Waldrändern und in offenem Gelände ziemlich häufig.

Wissenswertes: Als Vertreterin der Pflanzenwespen fehlt der B. die tiefe Einschnürung im vorderen Teil des Hinterleibs (die »Wespentaille«) ebenso wie ein Wehrstachel. Sie täuscht durch ihre Wespen-Zeichnung aber eine Wehrhaftigkeit vor. Das Weibchen legt seine Eier mit dem sägeförmigen Legebohrer in die Blätter verschiedener Pflanzen, z.B. Braunwurz oder Königskerze, an denen sich die raupenähnlichen Larven entwickeln. Von Schmetterlingsraupen kann man sie u.a. an den zahlreichen Hinterleibsbeinen (Raupen besitzen hier höchstens 5 Paar) und dem einfachen Punktaugenpaar an der Kopfkapsel (bei Raupen mehrere auf jeder Seite) unterscheiden.

Große Birkenblattwespe *Cimbex femorata* KEULENBLATTWESPEN

Merkmale: Körperlänge 17-23 mm; Körperform sehr breit, Fühler am Ende mit knopfförmiger, gelber oder brauner Keule; Grundfärbung schwarz, Hinterleib beim ♂ (Bild) schwarz oder in der Mitte rot, beim ♀ vollständig schwarz, rot oder gelb. Flugzeit V-VIII.

Vorkommen: An Waldrändern oder mit Birken bewachsenen Alleen, nicht häufig.

Wissenswertes: Die auffallend große, aber völlig harmlose Wespe nagt oft Ringfurchen um Birkenzweige, offenbar um den dann austretenden Saft zu trinken. Ihre raupenähnliche, bis zu 45 mm lange Larve (kl. Bild) ist in der Jugend von einer weißlichen Wachsschicht überzogen, in späteren Stadien aber grün mit dunklem Rückenstreifen. Sie entwickelt sich ausschließlich an Birken. **RL, §!**

Riesenholzwespe *Urocerus gigas* FAMILIE HOLZWESPEN

Merkmale: Mit 15-40 mm Körperlänge oft größer als eine Hornissenkönigin und damit der größte heimische Hautflügler; Fühler, Beine, ein großer Fleck an der Kopfseite sowie der hintere Teil des Hinterleibs gelb gefärbt. Flugzeit VI-VIII.

Vorkommen: In Nadelwäldern, insbesondere Fichtenwäldern; im Allgemeinen nicht selten.

Wissenswertes: Diese bedrohlich wirkende Wespe ist trotz eines deutlichen »Stachels« am Hinterleib des Weibchens völlig harmlos. Beim vermeintlichen Stachel handelt es sich um den Legebohrer, der in Ruhelage in einer zweiklappigen Scheide liegt. Er entspringt vorn an der Unterseite des Hinterleibs. Zur Eiablage klappt das Weibchen den fast körperlangen Bohrer aus der Scheide heraus und treibt ihn oft bis zu seinem Ansatz ins Holz hinein; anschließend gleitet ein Ei durch einen dünnen, im Innern verlaufenden Kanal und wird im Holz deponiert. Die zylindrisch geformte, nur mit kurzen Beinstummeln ausgerüstete Larve entwickelt sich im Verlauf mehrerer Jahre vorzugsweise in Fichtenholz.

Halmwespe *Cephus pygmaeus* FAMILIE HALMWESPEN

Merkmale: Körperlänge 5-10 mm; Körper schmal zylindrisch, wie bei allen Pflanzenwespen ohne Wespentaille; Färbung schwarz, Hinterleib gelb geringelt. Flugzeit V-VII.

Vorkommen: An Wegrändern und auf Wiesen überall ziemlich häufig.

Wissenswertes: Die H. sieht man im Frühjahr regelmäßig auf blühenden Pflanzen, vor allem auf Hahnenfußblüten. Das Weibchen (Bild) besitzt einen kurzen, den Hinterleib etwas überragenden Legebohrer. Damit versenkt es seine Eier in Getreidehalme (vorzugsweise von Weizen, Roggen oder Gerste). Die Larven entwickeln sich im Innern der Halme und haben daher, ebenso wie später die fertigen Wespen, einen schmal zylindrischen Körperbau. Ihre Beine sind stark zurückgebildet, wie es für Larven typisch ist, die im Innern von Pflanzen heranwachsen. Die Verpuppung findet im Halm dicht über dem Boden statt. Die befallenen Halme bilden nur verkrüppelte Ähren aus. Bei stärkerem Auftreten kann die H. daher durchaus spürbare Schäden anrichten.

Riesenschlupfwespe *Dolichomitus imperator* FAMILIE SCHLUPFWESPEN

Merkmale: Körperlänge 20-35 mm; sehr schlanke, schwarze Wespe mit roten Beinen; ♀ (Bild) mit sehr langem Legebohrer. Flugzeit VI-X.

Vorkommen: In Wäldern nicht selten.

Wissenswertes: Diese stattliche Wespenart ist oft an liegenden Baumstämmen zu beobachten. Das Weibchen sucht hier mit zitternden Fühlern nach holzbrütenden Käferlarven (meist solchen von Bockkäfern), den Wirtstieren für ihren Nachwuchs. Durch ihren sehr feinen Geruchssinn spürt sie die im Holz arbeitende Larve auf, setzt den Legebohrer auf Höhe der Fühler an und treibt ihn unter Drehbewegungen des ganzen Körpers langsam ins Holz hinein. Schließlich gleitet ein Ei durch den Bohrer ins Holz. Die sich entwickelnde Larve ist madenförmig und knotig gegliedert (kleines Bild).

Schlupfwespe *Ichneumon stramentarius* FAMILIE SCHLUPFWESPEN

Merkmale: Körperlänge 14-18 mm; Körper schwarz, Hinterleib in der vorderen Hälfte gelbrot, Schildchen, Hinterleibsspitze und Fühlermitte weißgelb, Beine gelb gezeichnet. Ganzjährig.

Vorkommen: In Wäldern und an Waldrändern fast überall häufig.

Wissenswertes: Die auffallend gezeichnete Wespe ist oft im Winter unter der Rinde abgestorbener Bäume zu finden. Ihre Larven entwickeln sich in den Raupen verschiedener Schmetterlingsarten und führen damit eine ähnliche Lebensweise wie zahlreiche ihrer Verwandten. Nicht selten entwickeln sich verschiedene Arten bei der gleichen Wirtsart, doch oft auf unterschiedliche Art und Weise. So leben manche Schlupfwespenlarven im Innern ihrer Wirte, andere an deren Außenseite. Manche verpuppen sich im Innern der Wirtspuppe, während andere ihren bereits als Larve sterbenden Wirt verlassen und sich neben ihm einen Kokon spinnen.

Köcherfliegen-Schlupfwespe *Agriotypus armatus* F. SCHLUPFWESPEN

Merkmale: Körperlänge 6-10 mm; schwarz mit deutlich gestieltem Hinterleib, Flügel dunkel gefleckt. Flugzeit IV-V.

Vorkommen: Am Ufer sauberer Fließgewässer; in manchen Gegenden nicht selten.

Wissenswertes: Diese bemerkenswerte Schlupfwespe entwickelt sich in Bächen an Köcherfliegenlarven. Das Weibchen steigt im Frühjahr zur Eiablage an Pflanzenstängeln ins Wasser hinab, sucht hier aus kleinen Steinen gebaute Köcher, meist solche der Gattungen *Goera* oder *Silo* (⇨S.82), und heftet ein Ei an die Köcherfliegenlarve. Die geschlüpfte Wespenlarve verzehrt bis zum Spätsommer ihre Wirtslarve und spinnt sich in deren Köcher einen Kokon. An der Seite lässt sie ein flaches, dunkelgraues Gespinstband austreten, das 20 mm oder länger sein kann (unteres Bild). Es enthält Luft (woher diese kommt, ist unbekannt) und versorgt die Puppe sowie später die im Kokon überwinternde Wespe mit dem nötigen Sauerstoff. Erst im nächsten Frühling entsteigt die fertige Wespe dem Gewässer.

Blattlauswespe *Praon sp.* FAMILIE BLATTLAUSWESPEN

Merkmale: Sehr kleine, dunkel gefärbte Wespenart mit einer Körperlänge von 2-3 mm und stark reduziertem Fügelgeäder. Flugzeit IV-IX. (Imago nicht abgebildet.) Schwer von anderen Arten der Familie zu unterscheiden.

Vorkommen: An Wegrändern, auf Wiesen und im Siedlungsbereich überall häufig.

Wissenswertes: Die unscheinbare Wespe ernährt sich vom Honigtau, den zuckerhaltigen Ausscheidungen der Blattläuse. Zugleich dienen ihr die Blattläuse als Wirte für die Larven. Das Weibchen biegt zur Eiablage den Hinterleib unter ihren Beinen hindurch nach vorn, ergreift eine Laus mit ihren zangenförmigen Anhängen und legt mit dem gebogenen Legebohrer ein Ei in deren Körper. Die Wespenlarve frisst die Blattlaus von innen leer, sodass schließlich nur die äußerlich unversehrte Hülle zurückbleibt. Am Schluss verpuppt sie sich unterhalb dieser Hülle in einem sockelförmigen Kokon (Bild). Die anderen Arten der Familie führen eine ähnliche Lebensweise, ihre Larven verpuppen sich aber im Innern der Laus.

Eichen-Schwammgallwespe *Biorhiza pallida* FAMILIE GALLWESPEN

Merkmale: Körperlänge 3-5 mm; Flügel meist fehlend, daher sehr an eine Ameise erinnernd, Hinterleib aber seitlich abgeflacht. XI-I und VI-VII.
Vorkommen: In Eichenwäldern fast überall ziemlich häufig.
Wissenswertes: Diese Gallwespe tritt jährlich in 2 Generationen auf, die sich deutlich unterscheiden und früher sogar für 2 verschiedene Arten gehalten wurden. Die erste Generation besteht nur aus flügellosen Weibchen, die mitten im Winter aus knollenförmigen Gallen an Eichenwurzeln (linkes kleines Bild) schlüpfen. Sie arbeiten sich zur Bodenoberfläche empor, wandern über den Boden (oder über die Schneedecke) und klettern dann an Eichen empor. Hier legen sie durch Jungfernzeugung gebildete Eier mit ihrem Legebohrer in die ruhenden Eichenknospen (linkes großes Bild). Aus diesen Knospen bilden sich bis zum Sommer schwammige Zweiggallen (großes Bild rechts), die meist 2-3 cm Durchmesser erreichen und an Kartoffeln erinnern. Darin wachsen in kleinen Kammern (rechtes kleines Bild) zahlreiche Larven heran, aus denen sich geflügelte männliche und teils ungeflügelte, teils geflügelte oder mit verkrüppelten Flügeln ausgestattete weibliche Wespen entwickeln. Nach der Paarung graben sich die Weibchen dieser zweiten Generation ins Erdreich ein und legen ihre Eier an Eichenwurzeln. Es bilden sich wiederum Wurzelgallen, aus denen die stets ungeflügelte winterliche Weibchengeneration hervorgeht.

Gestreifte Eichengallwespe *Cynips longiventris* FAM. GALLWESPEN

Merkmale: Körperlänge 3-4 mm; unscheinbar graubraun, Hinterleib seitlich abgeflacht; stets geflügelt. XII-I und V-VI. (Imago nicht abgebildet.)
Vorkommen: In Eichenwäldern nicht selten.
Wissenswertes: Auch die G. E. bildet jährlich 2 Generationen. Die erste, nur aus geflügelten Weibchen bestehende Generation entwickelt sich in gelben, rot gestreiften Galläpfeln (Bild) an der Unterseite von Eichenblättern. Die Tiere schlüpfen mitten im Winter und legen ihre durch Jungfernzeugung hervorgebrachten Eier in die Blütenknospen von Eichen. Bis zum Frühling bilden sich daraus unauffällige Knospengallen, in denen die zweigeschlechtliche 2. Generation heranwächst.

Ähnlich: Die bis zu 2 cm großen Gallen der **Gewöhnlichen Eichengallwespe** *Cynips quercusfolii* erinnern an kleine, rotbackige Äpfel.

Rosengallwespe *Diplolepis rosae* FAMILIE GALLWESPEN

Merkmale: Körperlänge 2,5-4 mm; schwarz mit rotem, seitlich zusammengedrücktem Hinterleib. III-V. (Imago nicht abgebildet.)
Vorkommen: An Waldrändern und Hecken; praktisch überall häufig.
Wissenswertes: Die R. weist keinen Generationswechsel auf. Sie vermehrt sich überwiegend durch Jungfernzeugung, Männchen treten nur selten auf. Als Galle erzeugt sie an Rosenzweigen den bekannten »Schlafapfel« (Bild). Diese bis etwa 5 cm große Gallbildung ist außen mit zahlreichen haarförmigen, stark verzweigten Auswüchsen besetzt. Im Innern enthält sie zahlreiche Kammern, in denen jeweils eine Larve heranwächst (kl. Bild). Oft ist jedoch ein erheblicher Anteil der Gallenbewohner von Parasiten befallen, meist durch die metallisch grün und rot gefärbte Erzwespe *Torymus bedeguaris*.

Sandgoldwespe *Hedychrum nobile*

FAMILIE GOLDWESPEN

Merkmale: Körperlänge 7-9 mm; etwas untersetzt gebaute Wespe mit metallisch grün und rotgolden gefärbtem Brustabschnitt und rot schillerndem Hinterleib. Flugzeit VII-VIII.

Vorkommen: An sandigen Wegen und auf offenen Heideflächen nicht selten.

Wissenswertes: Diese prächtig gefärbte Wespe entwickelt sich parasitisch in den Nestern von Grabwespen, meist in solchen der Sandknotenwespe (⇨S.176). Daher hält sie sich oft bei den Nestern dieser gesellig nistenden Grabwespe auf. Sie nutzt eine kurze Abwesenheit der Knotenwespe, um in deren Nest einzudringen und ihr Ei neben das Ei der Nestbesitzerin an deren eingetragene Beute zu legen. Die geschlüpfte Goldwespenlarve interessiert sich aber nicht für die Vorräte, sondern frisst die zwischenzeitlich ebenfalls geschlüpfte Knotenwespenlarve.

Ähnlich: Die deutlich kleinere **Rosa Goldwespe** *Hedychridium roseum* hat einen fleischroten, nicht metallischen Hinterleib.

Große Spinnenameise *Mutilla europaea*

FAMILIE SPINNENAMEISEN

Merkmale: Körperlänge 10-17 mm; lang abstehend behaart, Brustabschnitt in der Mitte rotbraun, sonst wie der übrige Körper schwarz, Hinterleib mit 3 weißen, z.T. unterbrochenen Haarbinden; ♂ (kleines Bild) mit dunkelbraunen Flügeln, ♀ (großes Bild) ungeflügelt. Flugzeit V-VIII.

Vorkommen: An sonnigen Waldrändern und in trockenem, offenem Gelände; ziemlich selten.

Wissenswertes: Das Männchen ist gelegentlich beim Blütenbesuch, z.B. auf Doldenblüten, zu beobachten. Das flugunfähige Weibchen besitzt im Gegensatz zum Männchen einen langen, gebogenen Stachel, mit dem es auch den Menschen sehr unangenehm stechen kann. Bei Beunruhigung erzeugt es durch Pumpbewegungen des Hinterleibs recht laute Zirptöne, die wohl als Drohung zu verstehen sind. Zur Eiablage dringt es in Hummelnester, vorzugsweise solche der Ackerhummel (⇨S.180), ein. Hier wird es offenbar von den Arbeiterinnen geduldet. Die Larven parasitieren an Hummellarven. Manchmal vermehrt sich die G.S. so stark, dass in einem Hummelnest mehr Spinnenameisen als Hummeln schlüpfen. Offensichtlich entwickeln sich 2 Generationen im Jahr. **RL**

Borstige Dolchwespe *Scolia hirta*

FAMILIE DOLCHWESPEN

Merkmale: Körperlänge 12-25 mm; glänzend schwarze, struppig behaarte Wespe mit gewöhnlich 2, manchmal auch 3 breiten, gelben Binden auf dem Hinterleib; Flügel dunkelbraun mit deutlichem Blauschiller. Flugzeit VII-IX.

Vorkommen: An sehr warmen, offenen Stellen, besonders auf Sandboden; im M.-EU sehr selten, im Mittelmeergebiet häufiger.

Wissenswertes: Die Wespe besucht oft Blüten, vorzugsweise solche, die blau oder violett gefärbt sind. Ihre Larve entwickelt sich an Engerlingen von Blatthornkäfern (⇨S.112 ff.). Zur Eiablage ortet das Weibchen die unterirdisch lebende Beute mit ihrem Geruchssinn und arbeitet sich mit ihren stark beborsteten Beinen bis zur Käferlarve vor. Sie lähmt die Larve mit einem Stich, heftet an ihre Bauchseite ein Ei und gräbt sich wieder zur Erdoberfläche empor. Die Wespenlarve saugt von außen an der noch lebenden, aber durch den Stich bewegungsunfähigen Käferlarve und tötet sie dadurch. Nach 2-3 Wochen verpuppt sie sich neben den Resten ihres Opfers in einem Kokon. **RL, §!**

Ähnlich: Die im Mittelmeergebiet heimische **Sechsfleckige Dolchwespe** *Elis sexmaculata* trägt auf dem Hinterleib meist 6 gelbe Flecke.

Rote Waldameise *Formica rufa*

FAMILIE AMEISEN

Merkmale: Körperlänge 4-11 mm; zwischen Bruststück und Hinterleib mit aufrechter Schuppe (»Schuppenameise«); Oberseite von Kopf und Bruststück, Beine und Hinterleib schwarzbraun, übriger Körper rot gefärbt. Ganzjährig.

Vorkommen: An etwas offenen Stellen in Wäldern und an Waldrändern meist nicht selten.

Wissenswertes: Die R.W. lebt in den bekannten, bis über 1 m hohen, kuppelförmigen, überwiegend aus Fichtennadeln aufgebauten Nesthaufen (kleines Bild). In der Mitte befindet sich meist ein Baumstumpf, und unter der Erde ist das als Gangsystem angelegte Nest ungefähr ebenso

groß wie der oberirdische Hügel. Das Arbeiterinnenvolk wird in der Regel von nur einer einzigen Königin geführt. Der Giftstachel ist wie bei allen Schuppenameisen zurückgebildet; zur Verteidigung verspritzen die Arbeiterinnen daher ihr Gift direkt aus dem Hinterleib, den sie dazu zwischen den Beinen hindurchbiegen (rechtes großes Bild). Sie erbeuten als Nahrung für die Brut große Mengen an Insekten und stellen damit eine wichtige »Polizei des Waldes« dar.

Rossameise *Camponotus ligniperda*

FAMILIE AMEISEN

Merkmale: Mit 6-18 mm Körperlänge die größte heimische Ameise; Kopf und Großteil des Hinterleibs schwarz, sonst rotbraun. Ganzjährig.

Vorkommen: Im Bergland an sonnigen Waldrändern nicht selten.

Wissenswertes: Die R., gleichfalls eine Schuppenameise, nistet in Totholz oder unter größeren Steinen. Zwischen V und VI schwärmen die geflügelten Geschlechtstiere. Die Weibchen brechen nach der Paarung ihre Flügel ab und begründen auf sich allein gestellt einen neuen Staat. Sie schmelzen ihre Flugmuskulatur ein und füttern mit einem daraus gebildeten Sekret die ersten Larven (Bild).

Gelbe Wegameise *Lasius flavus*

FAMILIE AMEISEN

Merkmale: Körperlänge 2-9 mm; hell gelblich gefärbte Schuppenameise, Geschlechtstiere deutlich dunkler. Ganzjährig.

Vorkommen: In offenem Gelände häufig.

Wissenswertes: Die G.W. baut bis zu 50 cm hohe Erdhügel, die ganz mit Gras u.a. Pflanzen bewachsen sind. Die Tiere leben fast ausschließlich von den Ausscheidungen ihrer in unterirdischen Kammern als »Milchkühe« gehegten Wurzelläuse und kommen daher selten an die Oberfläche. Wie für Schuppenameisen typisch, sind die Puppen in pergamentartige Kokons gehüllt, die der Geschlechtstiere (Bild) viel größer als die der Arbeiterinnen.

Schwarzgraue Wegameise *Lasius niger*

FAMILIE AMEISEN

Merkmale: Körperlänge 3-9 mm; dunkelbraun bis fast schwarz gefärbte Schuppenameise mit dichter Behaarung. Ganzjährig.

Vorkommen: Wohl die häufigste heimische Ameisenart; regelmäßig auch in Gärten und selbst in Wohnungen anzutreffen.

Wissenswertes: Die S.W. ernährt sich vorwiegend von den zuckerhaltigen Ausscheidungen der Wurzel-, Blatt- und Schildläuse. Die Arbeiterinnen überdachen oft die Kolonien ihrer »Milchkühe« mit einer aus Erde gebauten Schutzschicht. Daneben gehen sie aber auch an zuckerhaltige Nahrungsmittel und können dadurch in Wohnungen sehr lästig in Erscheinung treten.

Rasenameise *Tetramorium caespitum*

FAMILIE AMEISEN

Merkmale: Körperlänge 2,5-8 mm; zwischen Bruststück und Hinterleib mit 2 Knötchen (»Knotenameise«); dunkelbraun, Hinterecken des Brustabschnitts gezähnt. Ganzjährig.

Vorkommen: In offenem, trockenem Gelände ziemlich häufig.

Wissenswertes: Die R. besitzt wie alle Knotenameisen einen Giftstachel. Ihre Puppen sind, wie für die Knotenameisen typisch, nicht von einem Kokon umgeben (im Bild die großen Puppen von Geschlechtstieren). Die Art nistet unter Steinen oder frei im Erdboden. Frei angelegte Nester sind oft an großen Erdhaufen zu erkennen. Die Geschlechtstiere schwärmen von Mai bis August.

Hornisse *Vespa crabro*

Merkmale: Mit einer Körperlänge von 18-35 mm auffallend große Wespe, gelb, schwarz und rot gezeichnet. Ganzjährig.
Vorkommen: In Wäldern, an Waldrändern und im Siedlungsbereich im Allgemeinen nicht selten, doch jahrweise in unterschiedlicher Häufigkeit.
Wissenswertes: Die H. knickt wie alle Faltenwespen in Ruhelage ihre Flügel in Längsrichtung; diese erscheinen daher beim sitzenden Tier sehr schmal (linkes Bild). Sie baut aus morschen Holzfasern unter Zugabe von Speichel ein kartonartiges Nest. Es besteht aus übereinander angeordneten Waben, die von einer äußeren Hülle umgeben sind (rechtes Bild). Die Öffnungen der Zellen zeigen immer nach unten, die Hülle bleibt unten meist weit geöffnet. Insgesamt kann das Nest eine Höhe von etwa 70 cm erreichen. Der H.-Staat besteht aus einer Königin und einigen hundert Arbeiterinnen. Erstere legt nur Eier, während die Arbeiterinnen, ebenfalls Weibchen, sämtliche Fütterungs- und Bautätigkeiten zu erledigen haben. Männchen entwickeln sich im Spätsommer; sie haben einzig die Aufgabe, junge Weibchen zu begatten. Im Herbst geht der gesamte Staat zugrunde, nur die begatteten jungen Weibchen überleben und suchen zur Überwinterung geschützte Orte auf. Im nächsten Frühjahr begründen sie als Jungköniginnen jeweils einen neuen Staat. Am Anfang sind sie auf sich allein gestellt und müssen alle anfallenden Bau- und Brutfürsorgetätigkeiten selbst erledigen (linkes Bild). **RL, §!**

Ähnlich: Bei der Königin der **Mittleren Wespe** *Dolichovespula media* ist der Brustabschnitt ebenfalls schwarz und rot, der Hinterleib aber nur schwarz und gelb. Mit 18-22 mm Körperlänge ist sie etwa so groß wie eine Hornissenarbeiterin. Den Arbeiterinnen dieser recht seltenen Art fehlt das Rot.

Gewöhnliche Wespe *Vespula vulgaris*

Merkmale: Körperlänge 11-19 mm; zwischen Auge und Einlenkung der Kiefer nur ein schmaler Zwischenraum (»Kurzkopfwespe«), Kopfschild gelb mit schwarzer, T-förmiger Zeichnung; Seitenstreifen an der Brust gleichmäßig schmal. Ganzjährig.
Vorkommen: Überall sehr häufig, in den meisten Gegenden die häufigste Faltenwespe.
Wissenswertes: Die G.W. versorgt ihre Brut vorwiegend mit Fleischnahrung, insbesondere Fliegen. Hierdurch macht sie sich durchaus nützlich. Die Wespen selbst können aber nur flüssige Nahrung aufnehmen. Außer Blütennektar naschen sie gern an Süßigkeiten und können dann z.B. an der Kaffeetafel äußerst lästig werden. Diese unangenehme Eigenschaft teilen sie mit der Deutschen Wespe (⇨S.170). Die übrigen heimischen Faltenwespen, etwa die Hornisse oder die Sächsische Wespe (⇨S.170), treten dagegen niemals als Lästlinge in Erscheinung.
Die Nester der G.W. werden stets an verborgenen, dunklen Orten, z.B. in alten Mäusenestern oder auf Dachböden, gebaut und wie die der Hornisse aus vermodertem Holz hergestellt. Sie zeigen daher eine mehr oder weniger gelbliche Färbung. Falls der verfügbare Platz keine andere Form aufzwingt, besitzen sie eine annähernd kugelige Gestalt. Sie können einen Durchmesser von über 50 cm, in Extremfällen von etwa 1 m aufweisen. Die größten Nester beherbergen etwa 7000 Insassen. Wie bei der Hornisse wird der gesamte Staat von einer einzigen Königin (im Bild das deutlich größere Tier) beherrscht; alle anderen Nestbewohner sind ihre Nachkommen. Da die Waben von innen nach außen fortschreitend vergrößert werden, befinden sich innen die ältesten, außen die jüngsten Brutzellen.

Ähnlich: Die auf Trockenrasen und Sonnenhängen recht häufige **Rote Wespe** *Vespula rufa* zeigt eine sehr ähnliche Kopfzeichnung, ist aber auf den vorderen Hinterleibsringen mehr oder weniger deutlich rot gefärbt.

Deutsche Wespe *Vespula germanica* FAMILIE FALTENWESPEN

Merkmale: Körperlänge 13-19 mm; wie die Gewöhnliche Wespe (⇨S.168) zu den so genannten Kurzkopfwespen gehörend; Kopfschild meist mit 3 schwarzen Punkten; Längsbinde an der Seite des Brustabschnitts nach unten hin dreieckig verbreitert. Ganzjährig.

Vorkommen: Überall sehr häufig, fast ebenso häufig wie die Gewöhnliche Wespe.

Wissenswertes: Die D.W. nistet wie die Gewöhnliche Wespe stets an verborgenen Orten, teils ober-, teils unterirdisch. Ihre Nester erreichen bisweilen ebenfalls fast 1 m Durchmesser und die Völker können bis zu rund 7000 Tiere zählen. Im Gegensatz zur Gewöhnlichen Wespe bevorzugt die D.W. aber grau verwittertes, noch nicht morsches Holz als Baumaterial, ihre Nester sind daher zumeist deutlich grau gefärbt.

Sächsische Wespe *Dolichovespula saxonica* FAM. FALTENWESPEN

Merkmale: Körperlänge 11-18 mm; als sog. Langkopfwespe mit deutlichem Abstand zwischen Auge und Oberkieferbasis; Kopfschild meist mit 3-spitziger, ahornblattartiger Zeichnung. Ganzjährig.

Vorkommen: Überall ziemlich häufig.

Wissenswertes: Die S.W. baut ihre grauen Nester oberirdisch an ziemlich offenen Stellen, z.B. unter Brücken oder auch auf Dachböden, dann aber frei im Raum hängend (Bild). Sie erreichen nur etwa 20-30 cm im Durchmesser und eine Volksstärke von 200-300 Tieren.

Ähnlich: Bei der seltenen **Kuckuckswespe** *Dolichovespula adulterina* ist der Streifen an der Brustseite in einen nach unten gerichteten Zipfel ausgezogen. Sie lebt als Parasit im Nest der Sächsischen W.

Französische Feldwespe *Polistes dominulus* FAMILIE FALTENWESPEN

Merkmale: Körperlänge 12-18 mm; schlanker als die Deutsche Wespe; Fühler einfarbig gelb gefärbt, Kopfschild vollständig gelb oder mit einem schwarzen Fleck. Ganzjährig.

Vorkommen: In offenem, trockenem Gelände, regelmäßig auch in Gärten; im südlichen D häufig, nach N zu seltener.

Wissenswertes: Die Nester der F.F. bestehen aus einer einzigen, mit einem Stiel an der Unterlage befestigten Wabe (Bild). Die Brutzellen sind meist schräg nach unten oder zur Seite gerichtet. Bei der Nestgründung arbeiten oft mehrere Jungköniginnen zusammen; dabei unterdrückt jedoch eine die übrigen und degradiert diese gewissermaßen zu Arbeiterinnen. Die Nester werden meist ziemlich versteckt, z.B. unter Dachziegeln oder in Mauernischen, erbaut.

Ähnlich: Mehrere weitere Arten der Gattung haben oberseits dunkle Fühler.

Schornsteinwespe *Odynerus spinipes* FAMILIE FALTENWESPEN

Merkmale: Körperlänge 10-13 mm; zierliche, ziemlich kleine Faltenwespe, gelbe Zeichnungen nicht sehr ausgedehnt. Flugzeit V-VII.

Vorkommen: An offenen, trockenen Stellen, besonders an lehmigen Steilwänden oder völlig vegetationsfreien Flächen; fast überall recht häufig.

Wissenswertes: Diese interessante Wespe gräbt vorzugsweise in stärker verfestigtem Erdreich, vor allem an senkrechten Flächen, Gänge, die sich verzweigen und jeweils mit einer eiförmigen Brutzelle enden. Das Aushubmaterial klebt sie rings um die Öffnung, sodass schließlich ein immer längerer, nach unten gekrümmter Schornstein entsteht (Bild). In jede Zelle legt sie zunächst ein Ei und trägt danach als Nahrung für den eigenen Nachwuchs Larven eines Rüsselkäfers (Gattung *Phytonomus*) herbei, die sie zuvor durch einen Stich ins Nervensystem gelähmt hat. Gelegentlich siedelt die S. auch auf horizontalen Bodenflächen, z.B. in noch nicht bewachsenen Neubaugebieten. Dort sind die Schornsteine ihrer Baue zur Seite gebogen.

Frühlingswegwespe *Anoplius viaticus* FAMILIE WEGWESPEN

Merkmale: Körperlänge 8-14 mm; Hinterleib vorn rot mit dunklen Hinterrändern der Rückenplatten, Flügel dunkelbraun getönt. Ganzjährig.

Vorkommen: An sandigen, offenen Stellen ziemlich häufig.

Wissenswertes: Die Wespen schlüpfen im Hochsommer und paaren sich wenig später. Nur das Weibchen überwintert in einer selbst gegrabenen Erdhöhle. Im Frühjahr sucht es nach Wolfspinnen und überwältigt diese nach kurzem Kampf durch einen Stich ins Nervensystem. Die Spinne wird sofort bewegungsunfähig, stirbt aber nicht an den Folgen des Stichs. Die Wespe schleppt ihre Beute anschließend rückwärts gehend zu einer offenen Sandfläche. Sie greift dabei die Spinne mit ihren Kiefern an einer hinteren Beinhüfte (großes Bild). Am Zielort angekommen, legt sie ihr Opfer kurz ab und beginnt, einen schräg in den Boden führenden Gang zu graben (kleines Bild),

der sich an seinem Ende zu einer kleinen Höhle erweitert. Sie zieht die Spinne hinein, belegt sie mit einem Ei und scharrt das Nest sorgfältig wieder zu.

Tönnchenwegwespe *Auplopus carbonarius* FAMILIE WEGWESPEN

Merkmale: Körperlänge 7-10 mm; auffallend langbeinige, ganz schwarze Wespe mit dunkel getönten Flügeln. Flugzeit VI-VIII.

Vorkommen: An Waldrändern, in Kiesgruben, vor allem aber im Siedlungsbereich recht häufig.

Wissenswertes: Anders als die meisten ihrer Verwandten gräbt die T. keine unterirdischen Nestkammern, sondern baut aus feinem Erdmaterial, das sie mit ihrem Speichel versetzt, tönnchenförmige Brutzellen, meist mehrere dicht nebeneinander (kleines Bild). Als Nistort wählt sie Hohlräume sehr unterschiedlicher Art, etwa in leeren Schneckenhäusern, unter Holzverschalungen oder in verlassenen Nistgängen anderer

Hautflügler. Um Nahrung für ihre Larven zu beschaffen, macht sie Jagd auf die verschiedensten Spinnen. Da sie, wie alle Wegwespen, immer nur eine Spinne pro Brutzelle fängt und jede Larve mehr Nahrung benötigt als ihrer späteren Größe entspricht, ist die herbeigeschleppte Beute fast immer deutlich größer als die Wespe selbst. Meist transportiert diese die gefangene Spinne vorwärts gehend, indem sie sie an den Spinnwarzen packt. Gewöhnlich beißt sie ihrem Opfer davor mehrere oder alle Beine ab.

Rotbeinige Wegwespe *Episyron rufipes* FAMILIE WEGWESPEN

Merkmale: Körperlänge 8-13 mm; Seiten des 2. und meist auch des 3. Hinterleibsringes sowie die Hinterleibsspitze weiß gefleckt, Beine teilweise rot. Flugzeit VI-VIII.

Vorkommen: An sandigen, trockenen Orten; selten.

Wissenswertes: Diese Wespe ist bei ihrer Jagdbeute auf Radnetzspinnen spezialisiert. Sie überfällt die Spinne in ihrem Netz, lähmt sie mit einem Stich und transportiert sie, wie fast alle Arten dieser Familie, rückwärts gehend zu ihrem Nistplatz. Dort beginnt sie einen Gang zu graben, in dem sie anschließend mit ihrer Beute verschwindet. Da die Spinne lediglich gelähmt ist, bleibt sie als Nahrung für die Larve länger frisch.

Kuckuckswegwespe *Ceropales maculata* FAMILIE WEGWESPEN

Merkmale: Körperlänge 7-9 mm; tiefschwarz gefärbt, Kopf, Brustabschnitt und Hinterleib weiß gefleckt, Beine rot, Hinterleibsspitze beim ♀ (Bild) zipfelig nach oben verlängert. Flugzeit V-IX.

Vorkommen: Auf offenen, lockeren Sandflächen, z.B. in Sandgruben und auf Binnendünen; gebietsweise nicht selten.

Wissenswertes: Die K. entwickelt sich parasitisch bei einer anderen Wegwespenart, der ganz dunklen **Bleigrauen Wegwespe** *Pompilus cinereus*. Sie greift eine Beute tragende Wirtswespe an und schiebt dabei ihr Ei in eine Atemöffnung der Spinne. Später tötet ihre Larve die andere und verzehrt die für diese vorgesehene Spinne.

Dreiphasen-Sandwespe *Ammophila pubescens*

Merkmale: Körperlänge 13-19 mm; 1. Hinterleibssegment in einen dünnen und langen Stiel verschmälert, vorderer Teil des Hinterleibs rot. Flugzeit VI-IX.

Vorkommen: In Sandgebieten z.T. ziemlich häufig, vor allem im norddeutschen Flachland.

Wissenswertes: Diese Grabwespe fängt, wie die meisten Vertreter ihrer Familie, stets mehrere Beutetiere für einen Nachkommen. Bevor sie zum Beutefang ausfliegt, schachtet sie zunächst einen etwa 5 cm senkrecht in den Boden führenden Gang aus, der sich zu einer geräumigen Höhle erweitert. Sie verschließt den Eingang mit 3-5 kleinen Steinchen und kommt bald mit einer erbeuteten Raupe (die wie bei den Wegwespen durch einen Stich bewegungsunfähig gemacht wurde) zum Nest zurück. Nachdem sie die Steinchen beiseite geräumt hat, zieht sie die Raupe ins Nest hinab, legt ein Ei daneben und verschließt die Öffnung wieder mit den gleichen Verschlusssteinen. Nach dieser ersten Phase ihrer Brutpflege widmet sie sich anderen Tätigkeiten. Wenn die Larve nach 2 Tagen geschlüpft ist, trägt sie erneut 1-2 Raupen herbei (2. Phase, kleines Bild); dies wiederholt sich nach 1-2 Tagen mit weiteren 3-7 Raupen (3. Phase). Erst danach verschließt sie das Nest endgültig, indem sie lockeren Sand über die mit immer den gleichen Steinchen verschlossene Nestöffnung scharrt. **RL**.

Ähnlich: Die zum Verwechseln ähnliche **Feldsandwespe** *Ammophila campestris* fängt Blattwespenlarven. Sie verschließt ihr Nest mit Sand, den sie einer neben der Nestöffnung ausgehobenen, kleinen Grube entnimmt.
Die etwas größere **Gewöhnliche Sandwespe** *A. sabulosa* trägt nur 1-2 Raupen pro Larve ein. Sie transportiert ihre Beute stets zu Fuß.

Bienenwolf *Philanthus triangulum*

Merkmale: Körperlänge 8-17 mm; Hinterleib gelb, die einzelnen Segmente mit schwarzen, in der Mitte erweiterten Binden; Gesicht in der unteren Hälfte gelb, oben mit »Krönchen«-Zeichnung. Flugzeit VI-IX.

Vorkommen: Auf offenen, sandigen Flächen und an lehmigen Steilwänden stellenweise häufig.

Wissenswertes: Der B. ist bei der Wahl seiner Beute auf Honigbienen spezialisiert. Da er manchmal in der Nähe von Bienenkästen große Nestkolonien ausbildet, ist er bei Imkern nicht gerade beliebt. Er überfällt seine Beutetiere beim Blütenbesuch und versetzt ihnen bei einem blitzschnellen Überraschungsangriff einen Stich ins Nervensystem. Selbst wenn es der Biene noch gelingt, den eigenen Stachel zum Einsatz zu bringen, rutscht er immer wieder an den glatten Hinterleibssegmenten des B. ab, sodass dieser aus dem kurzen Kampf wohl immer als Sieger hervorgeht. Danach drückt er auf den Hinterleib seiner betäubten Beute und leckt den hierdurch aus deren Mundöffnung austretenden Honigtropfen als willkommene Nahrung auf (großes Bild). Anschließend fliegt er mit der Beute zum Nest (➪ S. 156/157). Dieses besteht aus einem manchmal fast 1 m langen Bodengang, der sich am Ende verzweigt und jeweils in eine eiförmige Brutzelle führt. Die Zahl der eingetragenen Beutetiere richtet sich nach dem Geschlecht der Nachkommen: Brutzellen, in denen Männchen heranwachsen, werden mit 1-3, solche mit weiblichem Nachwuchs mit 3-6 Bienen bestückt. Das B.-Weibchen kann, wie bei den Hautflüglern üblich, das Geschlecht seiner Nachkommen selbst festlegen, indem es befruchtete (= weibliche) oder unbefruchtete (= männliche) Eier ablegt.

Wanzengrabwespe *Astata boops*

FAMILIE GRABWESPEN

Merkmale: Körperlänge 10-12 mm; etwas untersetzt gebaut, Hinterleib vorn rot; beim ♂ berühren sich die Augen oben. Flugzeit VI-IX.

Vorkommen: An offenen, sandigen Stellen ziemlich häufig.

Wissenswertes: Diese kleine Grabwespenart nistet meist zu mehreren dicht beieinander. Sie fängt als Larvennahrung ausschließlich Schildwanzenlarven, die sie zunächst vor dem Nesteingang ablegt, bevor sie die Öffnung freischarrt und die Beute hinabzieht. Ihr spezieller Parasit ist die Rosa Goldwespe (⇨S.164).

Sandknotenwespe *Cerceris arenaria*

FAMILIE GRABWESPEN

Merkmale: Körperlänge 10-15 mm; Hinterleibsringe vorn deutlich eingeschnürt, daher Hinterleib etwas knotig gegliedert. Flugzeit V-IX.

Vorkommen: Auf offenen, sandigen Flächen, vor allem in Heidegebieten und Sandgruben, häufig.

Wissenswertes: Die S. nistet meist in Kolonien. Sie gräbt senkrechte Röhren in den Boden und schichtet den Aushub kraterförmig um die Öffnung. Als Larvennahrung fängt sie Rüsselkäfer, mit denen sie wie mit einem Kopfsprung im stets offenen Nesteingang verschwindet. Bei ihr parasitiert die Sandgoldwespe (⇨S.164).

Kreiselwespe *Bembix rostrata*

FAMILIE GRABWESPEN

Merkmale: Mit 15-22 mm Körperlänge eine ziemlich große, gelbweiß bis zitronengelb gezeichnete Wespe; Oberlippe schnabelförmig nach unten verlängert. Flugzeit VI-IX.

Vorkommen: Auf meist größeren, lockeren Sandflächen, vor allem auf Binnendünen; fast überall selten geworden.

Wissenswertes: Die K. betreibt wie die Dreiphasen-Sandwespe (⇨S.174) echte Brutpflege, d.h., sie bekommt direkten Kontakt zu ihren Larven, während bei fast allen übrigen Grabwespen die Versorgung der Brut mit der Eiablage beendet ist (sog. Brutfürsorge). Das Weibchen gräbt einen etwa 10 cm langen, schräg in den Boden führenden Gang, der sich am Ende zur Nestkammer erweitert. Nach der Eiablage und später nach dem Schlüpfen der Larve trägt sie zahlreiche erbeutete Fliegen herbei (z.T. mehr als 50 pro Larve! – s. großes Bild). Bei der Wahl ihrer Beute ist sie wenig wählerisch: Sie fängt kleine Schwebfliegen ebenso wie große Bremsen. Nach jedem

Verlassen des Nests scharrt sie den Eingang zu, sodass er vollkommen unkenntlich wird. Trotzdem findet sie ihn bei der Rückkehr sofort wieder. **RL, §!**

Große Fliegenspießwespe *Oxybelus argentatus*

F. GRABWESPEN

Merkmale: Körperlänge 8-10 mm; Hinterleib gelb gezeichnet; hinter dem Schildchen ein 3-spitziges Hinterschildchen, mittlere Spitze schwarz, die seitlichen gelb. Flugzeit VI-VIII. Schwer von zahlreichen ähnlichen Arten zu unterscheiden.

Vorkommen: Auf offenen Sandflächen, z.B. in Sandgruben und auf Binnendünen; nicht häufig.

Wissenswertes: Die G.F. fängt wie die anderen Arten ihrer Gattung ausschließlich Fliegen, die oft größer sind als sie selbst. Nach dem Stich zieht sie den Stachel nicht wieder aus der Beute heraus, sondern transportiert diese aufgespießt auf ihren Stachel. Beim Flug stützt sie die schwere Last mit den Hinterbeinen ab (Bild).

Kotwespe *Mellinus arvensis*

FAMILIE GRABWESPEN

Merkmale: Körperlänge 7-14 mm; ziemlich schmale, stark glänzende Grabwespe; Hinterleib mit 4 gelben Binden, von denen die vorletzte in der Mitte unterbrochen ist. Flugzeit VII-X.

Vorkommen: An sandigen Wegrändern meist nicht selten.

Wissenswertes: Als eine der letzten Grabwespen im Jahr ist die K. noch an warmen Oktobertagen aktiv. Sie fängt ausschließlich Fliegen, und zwar mit Vorliebe auf Kuhfladen und anderen Kothaufen. Doch verwendet sie bei weitem nicht alle Beutetiere für ihren Nachwuchs. Oft knetet sie die Fliegen nur mit ihren Mundwerkzeugen durch und leckt den dabei austretenden Saft auf.

Merkmale: Körperlänge 11-18 mm; Grundfärbung braun, vordere Hinterleibsringe oft gelb oder rötlich, Oberseite der Hinterleibsringe mit grauen oder hell bräunlichen Filzbinden; Arbeiterin (unfruchtbares ♀) mit »Körbchen« an den Hinterbeinen (s.u.), Königin (fruchtbares ♀) mit verlängertem Hinterleib (großes Bild links unten), Drohne (♂) mit stark vergrößerten Augen (oberes großes Bild, Tier links der Bildmitte). Ganzjährig.
Vorkommen: Überall sehr häufig.
Wissenswertes: Die H. ist neben dem in China zur Seidenproduktion gezüchteten Seidenspinner das einzige Insekt, das zu einem echten Haustier des Menschen wurde. Ein H.-Volk setzt sich aus bis zu 8000 Arbeiterinnen und stets nur einer Königin zusammen. Die sechseckigen, waagrecht ausgerichteten Brutzellen werden aus Wachsplättchen, die junge Arbeiterinnen an der Unterseite des Hinterleibs abscheiden, gebaut und zu umfangreichen, sehr regelmäßigen Waben aneinandergefügt. Diese Waben sind unter natürlichen Bedingungen (z.B. in Baumhöhlen) kreisförmig bis zungenförmig und werden zu mehreren unmittelbar nebeneinander angeordnet. Die inneren Zellen der innen liegenden Waben enthalten die Brut, in den äußeren Waben sowie den äußeren Zellen der inneren Waben werden die Nahrungsvorräte, Pollen und Honig, gespeichert. Letzterer entsteht aus dem von den Arbeiterinnen gesammelten Nektar, der eingedickt und mit Zusatzstoffen versetzt wurde. Der Pollen wird an den Hinterbeinen im »Körbchen«, einer unbehaarten, von steifen Borsten begrenzten Fläche an der Außenseite der Hinterschienen, als »Höschen« zum Nest transportiert. Kehren die Sammlerinnen von einer ergiebigen Trachtquelle zurück, unterrichten sie andere Sammelbienen davon durch eine besondere Tanzsprache. Durch die Art des Tanzes sowie durch die Ausrichtung, Intensität und Geschwindigkeit der Tanzbewegungen können sie Informationen über Entfernung und Ergiebigkeit der Futterquelle übermitteln und in welcher Richtung vom Stock aus diese zu finden ist. Durch weitergereichte Kostproben des Futters lernen die danach ausfliegenden Sammlerinnen den Geschmack bzw. Geruch der Futterquelle kennen.
Die Larven (kl. Bild links oben) werden zunächst mit einem besonderen Drüsensekret, dem Futtersaft, später dann mit Pollen und Honig gefüttert. Sie entwickeln sich, von der Eiablage an gerechnet, über die Puppe (kl. Bild rechts oben) in 3 Wochen zu Arbeiterinnen. Im späten Frühjahr wachsen in etwas größeren Zellen die Drohnen heran. Gleichzeitig entstehen in den viel größeren Weiselzellen am Rand der Waben (kl. Bild unten) Jungköniginnen, die als Larvennahrung ausschließlich Futtersaft erhalten. Kurz vor dem Schlüpfen einer neuen Königin zieht die alte mit einem Teil des Volks aus. Zunächst bildet sich eine Schwarmtraube (gr. Bild unten rechts), bis Kundschafterinnen ein geeignetes Quartier gefunden haben, in das dann der ganze Schwarm einzieht. Die frisch geschlüpfte neue Königin tötet zunächst mit ihrem Stachel die noch nicht geschlüpften Konkurrentinnen in ihren Weiselzellen. Dann tritt sie ihren Hochzeitsflug an und lässt sich an einem besonderen Drohnensammelplatz meist von mehreren Drohnen begatten.

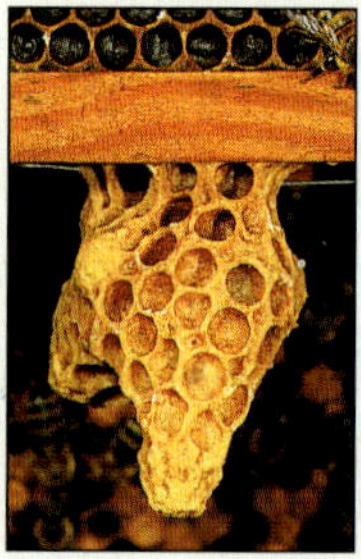

Danach verlässt sie den Stock erst wieder im folgenden Jahr, wenn sie ihrerseits durch eine neue Königin abgelöst wird. Ihre einzige Aufgabe besteht fortan im Eierlegen. Dabei wird sie ständig von ihrem »Hofstaat« (gr. Bild links unten) umhegt.

Ackerhummel *Bombus pascuorum*

FAMILIE BIENEN

Merkmale: Körperlänge 9-18 mm; Bruststück gelbrot, Hinterleib vorn grau, hinten gelbrot behaart. Ganzjährig.
Vorkommen: Überall häufig.
Wissenswertes: Wie bei allen Hummeln überwintert nur die Jungkönigin, die im Frühjahr einen neuen, einjährigen Staat begründet. Sie ist dabei ganz auf sich allein gestellt und baut ober- oder unterirdisch (z.B. in einem alten Mäusenest) zunächst aus Wachs ein Honigtöpfchen, das sie als Reserve für schlechte Zeiten mit Nektar füllt. Dann stellt sie ein wächsernes Einäpfchen her, füllt es mit Pollen und legt etwa 10 Eier hinein.

Nach dem Schlüpfen der Larven fügt sie seitlich an das Einäpfchen Wachstaschen an, die sie ebenfalls mit Pollen füllt (kleines Bild). Die Larven fressen sich durch die Wand in diese Taschen hinein; es entsteht ein immer größeres, blasiges Wachsgebilde, in dem schließlich die Verpuppung stattfindet. Mit dem Schlupf der ersten Arbeiterinnen übernehmen diese alle Brutpflege- und Nestbautätigkeiten. Die Königin legt jetzt nur noch Eier. **§!**

Erdhummel *Bombus terrestris*

FAMILIE BIENEN

Merkmale: Körperlänge 11-23 mm; vorn auf Bruststück und Hinterleib jeweils eine gelbe Binde, Hinterleibsspitze weiß. Ganzjährig.
Leicht mit weiteren, sehr ähnlichen, aber meist deutlich selteneren Arten zu verwechseln.
Vorkommen: Überall häufig.
Wissenswertes: Die E. nistet fast immer in unterirdischen Hohlräumen. Ihre Nester können mit bis zu etwa 600 Einzeltieren die größte Volksstärke von allen heimischen Hummelarten erreichen. Mit ihrem kurzen Rüssel vermag sie den Nektar langsporniger Blüten nur zu erreichen, indem sie die Blüten von hinten aufbeißt. **§!**

Steinhummel *Bombus lapidarius*

FAMILIE BIENEN

Merkmale: Körperlänge 12-22 mm; ganz schwarz mit roter Hinterleibsspitze; ♂ mit gelbem Ring auf dem Bruststück. Ganzjährig. Mehrere sehr ähnliche, aber viel seltenere Arten.
Vorkommen: Überall häufig.
Wissenswertes: Die S. nistet ebenso häufig ober- wie unterirdisch, oft z.B. in Vogelnistkästen. Sie umgibt ihre Brutzellen nicht nur mit vorgefundenem Nistmaterial, sondern überdeckt das ganze Nest mit einer dünnen Wachskuppel. Die Arbeiterinnen verhalten sich im Nestbereich recht aggressiv und gehen bei einer gewaltsamen Nestöffnung meist sofort zum Angriff über. **§!**

Wiesenhummel *Bombus pratorum*

FAMILIE BIENEN

Merkmale: Körperlänge 9-17 mm; vorn am Bruststück und am Hinterleib mit gelber Binde (die am Hinterleib auch fehlen kann); Hinterleibsspitze rot behaart. Ganzjährig.
Vorkommen: Überall häufig.
Wissenswertes: Die überwinternden Jungköniginnen verlassen oft schon Anfang März ihr Winterquartier (das sich z.B. in einem Komposthaufen oder einem alten Mäusenest befinden kann), meist deutlich vor den anderen Hummelarten. Die W. füttert ihre Larven, indem sie die Brutzellen jeweils von oben her öffnet und den Nachwuchs dann mit Pollen versorgt. Dieser wird ansonsten in Wachszellen gespeichert. **§!**

Schmarotzerhummel der Steinhummel *Psithyrus rupestris*

F. BIENEN

Merkmale: Körperlänge 15-25 mm; sehr ähnlich der Steinhummel, doch auch ♀ mit gelber Brustbinde; Flügel dunkelbraun, mit Blauschiller. Ganzjährig.
Vorkommen: In offenem, meist trockenem Gelände; nicht häufig.
Wissenswertes: Die auffallend große Hummel baut keine eigenen Nester, sondern dringt in ein Steinhummelnest ein, öffnet ein Einäpfchen, entfernt die Eier und legt ihre eigenen hinein. Ihre Larven werden dann von den Steinhummel-Arbeiterinnen aufgezogen, sie selbst hat keine Arbeiterinnen. Auch bei anderen Hummelarten gibt es Schmarotzerhummeln, die aber alle in der Färbung etwa der Erdhummel entsprechen. **§!**

Weidensandbiene *Andrena vaga*

FAMILIE BIENEN

Merkmale: Körperlänge 10-14 mm; an Kopf und Brustabschnitt dicht grauweiß, ansonsten vorwiegend schwarz behaart. Flugzeit III-V.
Vorkommen: In offenen, sandigen Gebieten, insbesondere in Sandgruben, ziemlich häufig.
Wissenswertes: Die W. ist bereits an den ersten wärmeren Tagen des Jahres zu beobachten. Sie bildet keinen Staat, nistet aber in dichten Kolonien von z.T. über 1000 Tieren. Das Weibchen gräbt einen oft mehr als 50 cm tiefen Gang, der sich am Ende verzweigt und zu einzelnen Brutzellen führt. Die Zellen werden ausschließlich mit Pollen und Nektar von Weiden gefüllt und dann mit jeweils 1 Ei belegt. Die Larven entwickeln sich bis zum Sommer zur neuen Bienengeneration, die jedoch erst nach der Überwinterung das Nest verlässt. **§!**

Gewöhnliche Seidenbiene *Colletes daviesanus*

FAMILIE BIENEN

Merkmale: Körperlänge 8-9 mm; Hinterleib mit hellgrauen Filzbinden an den Segmenträndern. Flugzeit VI-VIII.
Vorkommen: Vorwiegend an stärker verfestigten Steilwänden, auch an alten, mit Lehm verputzten Gebäuden; überall häufig.
Wissenswertes: Diese kleine Wildbiene gräbt ihre Nestgänge oft in erstaunlich festem Material, manchmal sogar in Sandsteinen. Hierdurch entstanden gelegentlich auch schon Gebäudeschäden. Die Gänge verzweigen sich fingerförmig und enthalten jeweils mehrere hintereinander liegende Brutzellen. Die Wände der Zellen werden mit dem Sekret der Speicheldrüsen bestrichen, das zu einem transparenten, seidenartigen Belag antrocknet. Den Pollen und Nektar sammelt die G.S. fast ausschließlich an Korbblütlern. **§!**

Hosenbiene *Dasypoda hirtipes*

FAMILIE BIENEN

Merkmale: Körperlänge 13-15 mm; Brustabschnitt oberseits rotbraun behaart, Segmente des Hinterleibs mit weißen Randbinden; Hinterbeine des ♀ mit außerordentlich langen, dichten Haarfransen (kl. Bild), zwischen denen der Pollen transportiert wird. Flugzeit VII-IX.
Vorkommen: Auf sandigen Wegen, in Sandgruben und an ähnlichen Orten meist nicht selten.
Wissenswertes: Die H. nistet wie die Weiden-Sandbiene gern in sehr individuenreichen Kolonien, erscheint aber erst im Hochsommer. Auch bei dieser Art führt der Hauptgang des Nests oft in eine Tiefe von über 50 cm und verzweigt sich dann in die einzelnen Zellen. Pollen und Nektar werden ausschließlich an Korbblütlern gesammelt. In den Brutzellen platziert die Biene das ziemlich trockene Nektar-Pollen-Gemisch auf kleinen Füßchen, sodass es nur punktuell den Boden berührt, wohl um Schimmel zu vermeiden. **§!**

Langhornbiene *Eucera tuberculata*

FAMILIE BIENEN

Merkmale: Körperlänge 13-15 mm; ♂ (großes Bild) mit körperlangen und ziemlich dicken, ♀ (kleines Bild) mit normal entwickelten Fühlern, letzteres mit grauweißen Binden auf den Hinterleibsringen. Flugzeit IV-VI.
Vorkommen: An sonnigen Wald- und Wegrändern, besonders in wärmeren Gebieten, auch im Siedlungsbereich; stellenweise ziemlich häufig.
Wissenswertes: Die im männlichen Geschlecht sehr auffällige Biene sucht ihre Nahrung ausschließlich an Schmetterlingsblütlern, mit besonderer Vorliebe an den Blüten der Zaunwicke. Die Männchen besetzen regelrechte Reviere um Gruppen dieser Pflanze und halten dort ständig Ausschau nach Blüten besuchenden Weibchen. Nur ab und zu setzen sie sich kurz auf den Blüten ab, um Nektar zu tanken. Die Weibchen nisten im Boden, zumeist in kleinen Kolonien und ziemlich versteckt im Gras. **§!**

Totholz-Blattschneiderbiene *Megachile willoughbiella* FAM. BIENEN

Merkmale: Körperlänge 12-16 mm; Hinterleib auffallend flachgedrückt, Segmentränder mit oft undeutlichen hellen Randbinden; ♂ (kleines Bild) mit tatzenartig verbreiterten, weiß befransten Vorderfüßen, ♀ (linkes gr. Bild) mit rotbrauner, hinten schwarzer, dichter Bauchbehaarung. Flugzeit VI-IX. Mehrere sehr ähnliche, aber meist kleinere Arten.
Vorkommen: An Waldrändern, in Kiesgruben und Gärten überall ziemlich häufig.
Wissenswertes: Diese interessante Wildbiene gehört zur Gruppe der Bauchsammlerbienen, die den Pollen nicht mit den Beinen, sondern in der dichten Bauchbehaarung des Hinterleibs transportieren. Sie nistet in morschem Holz und erweitert vorhandene Löcher gegebenenfalls mit ihren Mundwerkzeugen. Dann schneidet sie mit ihren Kiefern aus Blättern zunächst ovale, später kreisrunde Stücke heraus, die sie als Seitenwände bzw. Deckel ihrer Brutzellen verwendet. Die ovalen Stücke bilden mit ihrem umgebogenen unteren Teil zugleich den Boden der fingerhutförmigen Zelle (rechtes großes Bild). **§!**

Harzbiene *Anthidium strigatum* FAMILIE BIENEN

Merkmale: Mit einer Körperlänge von 6-7 mm eine sehr kleine Bauchsammlerbiene; Körper etwas untersetzt, lebhaft gelb gefleckt; ♀ mit weißer Bauchbürste. Flugzeit VI-VIII.
Vorkommen: An sonnigen Waldrändern und in trockenem, offenem Gelände meist nicht selten.
Wissenswertes: Wegen ihrer geringen Größe ist die H. trotz ihrer »Wespenfarben« leicht zu übersehen, auch ihre bemerkenswerten Nester (kleines Bild) sind nur schwer zu finden. Am Erfolg versprechendsten ist die Suche in den Heideflächen Norddeutschlands, wo die H. ihre Brutzellen mit Vorliebe an die Findlinge, große, als Zeugen der Eiszeit liegen gebliebene Steine, klebt. Sie sammelt Harz von Koniferen (wohl auch von Birken) und formt daraus eine zunächst unten offene, glockige Zelle (linkes Bild). Dann sammelt sie Pollen (in der Bauchbürste) und Nektar (im Kropf). Am Nest würgt sie als erstes den Nektar hervor und schlüpft dazu Kopf voran in die Zelle; dann wendet sie und streift den Pollen aus der Sammelbürste (mittleres Bild). Schließlich legt sie ein Ei und verschließt die Zelle, indem sie aus dem unteren Rand ein dünnes Rohr formt (rechtes Bild). **§!**

Zweifarbige Mauerbiene *Osmia bicolor* FAMILIE BIENEN

Merkmale: Körperlänge 9-11 mm; ♀ (beide Bilder) in der vorderen Körperhälfte schwarz, am Hinterleib leuchtend fuchsrot behaart; ♂ unscheinbar grau, am Hinterleibsende rot behaart. Flugzeit III-VI.
Vorkommen: An sonnigen Waldrändern und auf Trockenrasen im südlichen und mittleren D ziemlich häufig, im N weitgehend fehlend.
Wissenswertes: Die Z. M. gehört ebenfalls zu den Bauchsammlerbienen. Sie baut ihr fast immer einzelliges Nest stets in leere Schneckenhäuser. Zunächst trägt sie in die oberen Windungen Pollen und Nektar ein und legt ein Ei darauf. Dann verschließt sie die Zelle mit einer Wand aus zerkautem Blattmaterial, das unter Zugabe von Speichel einen grünen »Pflanzenzement« ergibt.

Den weiteren Gang des Schneckenhauses füllt sie mit kleinen Steinchen, Erdkrumen u.ä. und stabilisiert das Ganze durch eine weitere Wand aus Pflanzenzement (kleines Bild: geöffnetes Nest). Schließlich zwängt sie sich zwischen das Schneckenhaus und die umgebende Vegetation und dreht das Haus durch strampelnde Beinbewegungen so um, dass es mit der Öffnung nach unten zu liegen kommt. Zuletzt tarnt sie es noch mit einem Haufen aus locker aufgeschichteten Grashalmen oder Kiefernnadeln (rechtes großes Bild). **§!**

Register

A. = Ausfalttafel

Der Autor:

Der Zoologe Dr. Heiko Bellmann, geboren 1950, ist seit 1975 als wissenschaftlicher Mitarbeiter an der Universität Ulm tätig. Darüber hinaus befasst er sich seit über drei Jahrzehnten intensiv mit der fotografischen Dokumentation vor allem der heimischen Insekten und Spinnentiere. Er veröffentlichte neben zahlreichen Beiträgen in Fachzeitschriften eine Reihe international anerkannter Feldführer seines Themenkreises.

Der Herausgeber:

Gunter Steinbach, geboren 1938, studierte Bildende Künste in Hamburg, war ein Jahrzehnt im Verlagswesen tätig und lebt seit 1978 auf seinem Einödhof im Allgäu. Dort widmet er sich praktisch und publizistisch der heimischen Natur.

Bildquellen:

Alle Fotos dieses Bandes erstellte der Autor.
Die Grafiken des Buches und der Ausfalttafel stammen größtenteils aus dem »Lexikon der Tiere«, erster Band, Lexikographisches Institut, München, mit freundlicher Genehmigung des Verlagshauses Stuttgart (VS). Ergänzende Illustrationen zeichnete Reinhild Hofmann, das Motiv des Innentitels Anina Westphalen, das der Einbandklappe Fritz Wendler.

STEINBACHS NATURFÜHRER:

Klaus Richarz: LANDVÖGEL

Bruno P. Kremer: BÄUME

Bruno P. Kremer: WILDBLUMEN

H. Bellmann: SCHMETTERLINGE

Helmut und Renate Grünert: PILZE

O. und U. Medenbach: MINERALIEN

Andreas Schulz: STERNE

Heiko Bellmann: INSEKTEN

B. P. Kremer: STRAUCHGEHÖLZE

Anne Puchta: WASSERVÖGEL

Die Reihe wird fortgesetzt.

 / 5 4 3 2 1

Projektleitung, Bildredaktion, Buchgestaltung und DTP: Gunter Steinbach
Textredaktion: Dr. Helga Hofmann
Umschlaggestaltung: Heinz Kraxenberger, München
Reproduktionen: Artilitho, Trento
Druck: Alcione, Trento, Bindung: Ecoprint, Lavis, Trento

ISBN 3-576-11476-9

Printed in Italy

LES ASSASSINS SONT PARMI NOUS - 2

Pierre Bellemare est né en 1929.
Dès l'âge de dix-huit ans, son beau-frère Pierre Hiegel lui ayant communiqué la passion de la radio, il travaille comme assistant à des programmes destinés à R.T.L.
Désirant bien maîtriser la technique, il se consacre ensuite à l'enregistrement et à la prise de son, puis à la mise en ondes.
C'est Jacques Antoine qui lui donne sa chance en 1955 avec l'émission *Vous êtes formidables.*
Parallèlement, André Gillois lui confie l'émission *Télé-Match.*
A partir de ce moment, les émissions vont se succéder, tant à la radio qu'à la télévision.
Pierre Bellemare ayant le souci d'apparaître dans des genres différents, rappelons pour mémoire :
Dans le domaine des jeux : *La Tête et les Jambes, Pas une seconde à perdre, Déjeuner Show, Le Sisco, Le Tricolore, Pièces à conviction, Les Paris de TF1, La Grande Corbeille.*
Dans le domaine journalistique : *10 millions d'auditeurs,* à R.T.L.; *Il y a sûrement quelque chose à faire,* sur Europe 1; *Vous pouvez compter sur nous,* sur TF1 et Europe 1.
Les variétés avec : *Pleins feux,* sur la première chaîne.
Les interviews avec : *Témoins,* sur la deuxième chaîne.
Les émissions où il est conteur, et c'est peut-être le genre qu'il préfère : *C'est arrivé un jour,* puis *Suspens* sur TF1, sur Europe 1 *Les Dossiers extraordinaires, Les Dossiers d'Interpol, Histoires vraies, Dossiers secrets, Au nom de l'amour,* et *Les assassins sont parmi nous.*

Jacques Antoine est né le 14 mars 1924 à Paris, fils d'André-Paul Antoine, auteur dramatique, et petit-fils d'André Antoine, fondateur du Théâtre-Libre.
Animateur depuis 1949 de sociétés de production de programmes de radio et de télévision, et directeur des programmes de Télé-Monte-Carlo, Jacques Antoine est, avant tout, un créateur. Il est donc impossible d'énumérer les programmes dont il est l'inventeur, seul ou en collaboration. Trois genres. Les jeux : de *La Tête et les Jambes* au *Schmilblic,* du *Tirlipot* à *La Bourse aux idées,* du *Tiercé de la chanson* à *Seul contre tous, Les Incollables, La Course autour du Monde, Le Francophonissime, La Chasse aux trésors,* etc. Les émissions d'un style très personnel et n'entrant dans aucune catégorie définie, comme *Le Club des rescapés, Monsieur B. court toujours, C.Q.F.D., Vous êtes formidables, Il y a sûrement quelque chose à faire, Vous pouvez compter sur nous...*

(Suite au verso)

Enfin, les émissions qui requièrent les qualités d'un écrivain : soit pour des feuilletons à un personnage *(Peter Gay, Les tyrans sont parmi vous, Paola Pazzi),* soit destinées à un conteur tel que Pierre Bellemare (*Histoires vraies, Les Contes du pot de terre contre le pot de fer, Les Dossiers extraordinaires, Les Aventuriers, Les Nouveaux Dossiers extraordinaires, Les Dossiers d'Interpol, Dossiers secrets* sur Europe 1).

Paru dans Le Livre de Poche

Pierre Bellemare *présente* :

C'EST ARRIVÉ UN JOUR, tomes I, II, III.

Pierre Bellemare et Jacques Antoine :

LES DOSSIERS EXTRAORDINAIRES
DE PIERRE BELLEMARE, tomes I, II.
LES NOUVEAUX DOSSIERS EXTRAORDINAIRES
DE PIERRE BELLEMARE, tomes I, II.
LES AVENTURIERS.
LES AVENTURIERS *(nouvelle série).*
LES DOSSIERS D'INTERPOL, tomes I, II, III, IV, V.
HISTOIRES VRAIES, tomes I, II, III, IV, V.
QUAND LES FEMMES TUENT, tomes I, II.
DOSSIERS SECRETS, tomes I, II.

Pierre Bellemare et Jean-François Nahmias :

LES GRANDS CRIMES DE L'HISTOIRE, tomes I, II.

Pierre Bellemare, Jacques Antoine,
Marie-Thérèse Cuny

LES ASSASSINS SONT PARMI NOUS, tome I.

PIERRE BELLEMARE
JACQUES ANTOINE
MARIE-THÉRÈSE CUNY

Les assassins sont parmi nous

Tome II

Édition° 1